宝宝不挑食 治偏食食谱

（日）太田百合子 主编
高 青 译

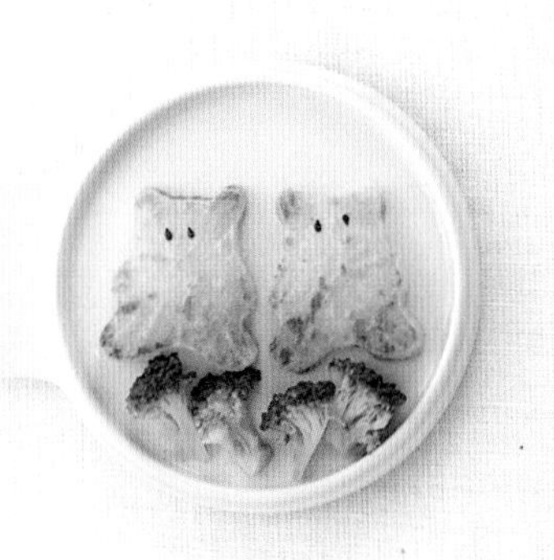

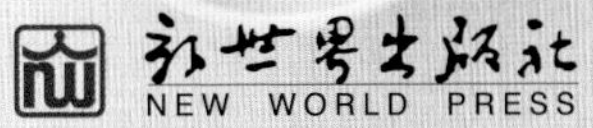

TITLE：[1歳、2歳からの偏食解消レシピ]
BY：[太田百合子]

图书在版编目（CIP）数据

宝宝不挑食：好吃易做的治偏食食谱 / (日) 太田百合子主编；高青译. -- 北京：新世界出版社，2014.10
ISBN 978-7-5104-5182-9

Ⅰ.①宝… Ⅱ.①太… ②高… Ⅲ.①婴幼儿－食谱 Ⅳ.①TS972.162

中国版本图书馆CIP数据核字(2014)第234609号

宝宝不挑食：好吃易做的治偏食食谱

策划制作：北京书锦缘咨询有限公司（www.booklink.com.cn）
总 策 划：陈 庆
策　　划：邵嘉瑜
版式设计：季传亮

作　　者：（日）太田百合子
译　　者：高 青
责任编辑：房永明
责任印制：李一鸣　史倩
出版发行：新世界出版社
社　　址：北京西城区百万庄大街24号（100037）
发行部：（010）6899 5968　（010）6899 8705（传真）
总编室：（010）6899 5424　（010）6832 6679（传真）
http://www.nwp.cn
http://www.newworld-press.com
版权部：+8610 6899 6306
版权部电子信箱：frank@nwp.com.cn
印　　刷：北京利丰雅高长城印刷有限公司
经　　销：新华书店
开　　本：787mm×1092mm 1/16
字　　数：40千字　印张：6
版　　次：2014年12月第1版　2014年12月第1次印刷
书　　号：ISBN 978-7-5104-5182-9
定　　价：28.00元

前言

想要让孩子养成不挑剔的好习惯，让孩子什么都喜欢吃。这是天下父母的共同愿望吧！那么，为什么不能让孩子养成偏食的习惯呢？

家长一定会首先想到营养不均衡这个原因吧。这当然是非常正确的答案。但却不是唯一的原因。

吃饭不仅仅是为了摄取营养，体会各种各样的口感以及享受美食都会和宝宝的生活方式产生必然联系，可以让宝宝接受有着不同的性格和思维方式的人。

让宝宝尽可能多地吃下不同的食物，不仅仅是从营养学的角度考虑，也可以丰富宝宝的感受性以及性格。

本书的主要出发点是“尽量让宝宝快乐地享受各种各样的食物”。此外，会集中为大家介绍一些简单有效的治偏食食谱，让宝宝们欢喜地挑战一下！

总而言之，“偏食”对于不同年龄段的宝宝来说，方式大有不同。1岁到2岁左右的宝宝由于牙齿和嘴巴的功能都尚未完善，还不能熟练地进食。家长们不要把这些偏食行为定义为“任性”、“挑剔”。只要弄清楚偏食的原因就可以让宝宝朝着好的方向发展。

一定要让1岁到2岁左右的可爱宝宝们，充分接触到美食的世界。请充分利用本书吧！

太田百合子

目录

第三章 太田老师的秘诀传授!

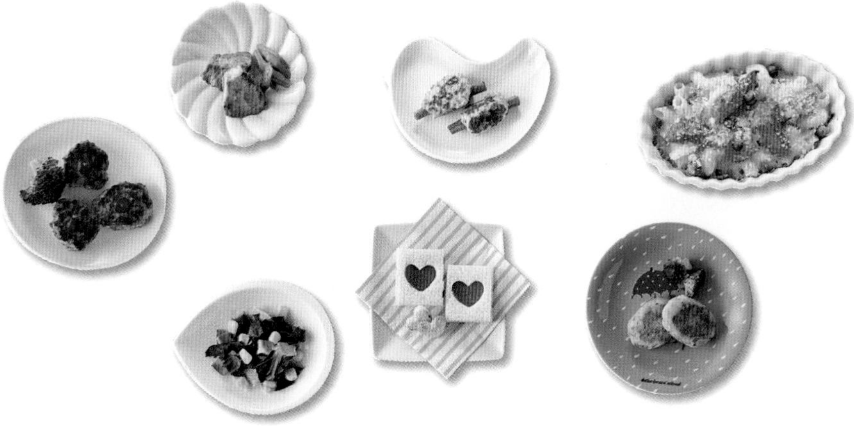

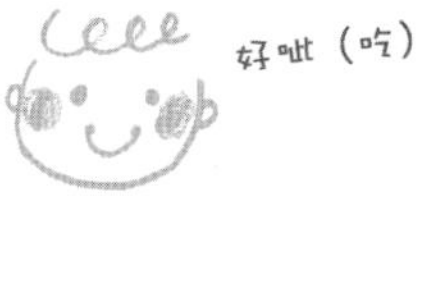

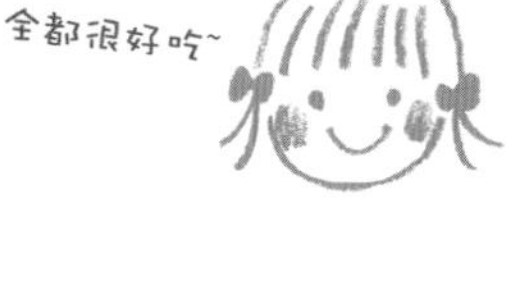

1岁到2岁宝宝的喜恶是什么？

为了让宝宝有更多喜欢吃的食物，
您需要提前掌握的知识

宝宝偏食是怎样引起的？

宝宝偏食有很多的原因。特别是1岁到2岁之间的时候，挑食很大程度是因为宝宝任性。

1岁到2岁宝宝的成长状态

- 开始有自我意识
- 想要自己吃东西
- 在吃辅食的同时，开始让宝宝练习吃固体食物来摄取营养。
- 宝宝长出上下八颗牙齿。
- 渐渐长出犬牙，臼齿也逐渐崭露头角
- 1岁半左右的时候，开始要自己拿勺子
- 1岁半左右的时候，可以在大人的帮助下自己吃饭

- 自我意识变强，不喜欢的东西会表现出“不喜欢、讨厌”
- 不吃饭、吃饭不均、边吃边玩等现象增加
- 手指更加灵活之后可以熟练拿起勺子
- 开始长出臼齿，乳牙可以进行完全地咬合咀嚼。
- 可以自己独立吃饭，由于好奇心越来越旺盛，所以吃饭的时候精力很难集中。

不是“不想吃”而是“不能吃，不会吃”

1岁到2岁的宝宝，咀嚼能力和饮水能力明显提升，可以做出非常复杂的手上动作。一方面想要自己吃饭，另一方面又会拒绝，表现出“不喜欢”。

所以，在这一时期宝宝的“不喜欢、讨厌”不能直接和“厌食、偏食”联系在一起。

牙齿以及嘴部的功能并没有发育完善，所以很多情况下有许多食物不能吃，并不是讨厌吃。下一页有对照表，可以观察宝宝的习惯进行比较确认。

如果感到宝宝“挑食”可以参考这些确认一下

“讨厌、不喜欢”是成长的标志。仔细观察宝宝的成长状态，思考宝宝“挑食”的原因，重新审视一下自己是否对宝宝有过高的要求和期许。

- [ ] **宝宝不喜欢苦味、酸味的食物**

不喜欢吃蔬菜的宝宝大多数是因为咀嚼起来会尝到蔬菜的苦味。最开始吃蔬菜的时候，一定要在蔬菜的口味和味道上多下一点功夫。

- [ ] **用手抓食物并扔掉**

用手抓食物并扔掉不吃并不是偏食。任何食物都想要用手去体验一下，这是宝宝在发育阶段必经的一个过程。

- [ ] **臼齿仍在往外长，还没有长齐**

臼齿一直在往外长，直到3岁才能进行完全的咬合咀嚼。所以在此之前有很多食物宝宝还不能咀嚼，不能吃的食物就会吐出来。

- [ ] **吃母乳喝果汁**

倾向于吃母乳、果汁、酸奶等，吃完这些之后肚子撑得鼓鼓的，不想吃别的东西。适量运动，让宝宝消化一下。

- [ ] **让宝宝吃饭的时候宝宝会拒绝**

自我意识逐渐增强，任何事情都想要自己来做，在这一时期会非常讨厌大人们让他吃饭。所以很多时候会拒绝吃饭。

- [ ] **餐具过大、食物凌乱不易食用**

过大或者食物非常乱，就会粘在嘴外面，不能完全放进嘴里，这样宝宝就会讨厌吃饭。一定要把食物切成合适的大小，或者是做成糜状让宝宝吃起来更加方便。

- [ ] **不喜欢吃不熟悉的食物**

和认人一样，第一次吃的食物会让宝宝感到陌生，会吐出来。“很甜哟！”、“好香呀！”和宝宝说话，可以安抚宝宝的心，让宝宝安心一些。

我们被嫌弃了！

来了解一下1岁到2岁宝宝的发育过程吧！

妈妈的三大烦恼

噗—吐出来！嘭—扔掉！乱抓一通！这些动作包含着不同的意思

想要让宝宝成为什么都可以吃的乖宝宝，可是在饭桌上又是另一番景象！但是这也是宝宝成长发育中的一个重要过程。

“噗—吐出来”“呸—”

▶▶把食物全都吐出来

对策 这是一种暗示，表明在这一阶段给宝宝吃这些食物还为时过早。需要再过一段时间

宝宝并不是在向你宣示 “讨厌这些食物！”，更多的是因为“宝宝还不能自己处理好这些食物，需要妈妈的帮助”。臼齿还没有长出来，不能很好地咀嚼，吃饭的能力还没有完善等都会让宝宝把嘴里的食物吐出来。此外，第一次吃的食物，宝宝会因为害怕、不熟悉而吐出来，这些都是正常现象。

让宝宝边玩边吃是一个过渡方法

把食物“噗—吐出来!”、“嘭—扔掉!”、“乱抓一通!”……让妈妈们非常头疼。但是宝宝所有的动作都有原因。

“噗—吐出来”是因为食物和宝宝的发育情况不符，宝宝现阶段还不适合吃这些。“嘭—扔掉!”、“乱抓一通!”这些是宝宝在边玩边吃的过程中寻找自己能吃的东西，把自己不能吃的东西挑出来。

这些举动都标志着宝宝在一步步茁壮成长。如果一味地和宝宝说“不可以、不行”，就会打消好不容易才培养出来的宝宝想要自己吃饭的意愿。

2 “嘭—扔掉!”

▶▶ 把食物扔掉

对策 即使宝宝把屋子里的东西扔得到处都是，也一定要保持室内卫生干净整洁。

宝宝手指发育得更加灵活，按照自己的意志往前面扔东西，会感到非常快乐。多次反复扔食物说明宝宝对食物很感兴趣。这并不是宝宝在挑食或者反抗吃饭。家长们每次不同的反应对宝宝来说也非常有趣，如果宝宝扔东西扔得太多，家长可以适当地制止宝宝，但是要注意态度不能太恶劣。

“乱抓一通!”

▶▶ 把食物放在手里抓来抓去玩

对策 可以放任不管，这样宝宝就会厌倦抓握食物的感觉，开始对汤匙感兴趣。

1岁之前的宝宝会用嘴巴代替眼睛来感受食物。1岁到2岁的宝宝会用手指来感受世界。会按照自己的想法来确认物品的手感、颜色、气味等，这一时期是让宝宝认识食物的重要阶段。妈妈们可能感觉这样不卫生，但是这是宝宝成长过程中必经的过程。

用手抓着吃，可以知道一口能吃下的量

1岁左右时用手抓着吃饭可以让宝宝确认一口可以吃下去的饭量。宝宝将抓在手里的食物放在嘴里之后，可以用牙咀嚼、吞咽并重复这一动作，然后就可以知道自己一口的量有多大了。

如果不知道一口的量，放在嘴里的食物可能会过多，容易噎着，或者直接囫囵吞咽下去。也容易导致吃多或者肥胖。当宝宝开始用手抓着吃饭的时候，就要给宝宝准备更多的适合用手抓着吃的食物。

1岁宝宝食谱烹调方法的秘诀

辅食接近尾声的时候又遇上这一时期，还有很多不能吃的食物。一定要注意给宝宝吃的食物，要柔软一些，小一些。

烹饪时的注意事项

大小

- 用门牙可以咬下来的大小
- 比较平滑的，比嘴巴稍微大一点的大小
- 如果吃起来比较困难，可以把食物做成一口大的量，或者做成糜状。
- 面类食物要处理成3cm的长度

形状

- 用手抓食是前提
- 棒状是适合用手拿着咬的形状
- 烹饪得不要太烂、食物不能太凉
- 考虑到食物会散落、掉落等，宝宝吃起来会弄得很脏，一定要做好准备工作

味道

- 基本原则是要以酱汤为基础的淡味汤汁
- 酱油、食盐、蛋黄酱、番茄酱、奶酪粉、蜂蜜等少量为宜
- 咖喱粉之外的香辛料或者酸味剂都不要放在宝宝的食物里面

硬度

- 用门牙可以咬下来、用牙齿可以嚼碎的硬度为宜
- 蔬菜最好是用水煮过的、柔软的菜类
- 加热的肉类、乌贼、章鱼等比较硬的食物不能给宝宝吃

颜色

- 可以不用太刻意追求食物的颜色
- 番茄的红色、花形的胡萝卜会让宝宝更有食欲
- 色彩鲜艳丰富的食物可以让宝宝的营养更均衡

不同食材的烹调要点让宝宝进食更加容易

牛奶类·乳制品

- 奶油煨菜
- 奶汁焗菜

煨菜、奶汁焗菜要稍微放凉一些。零食也要放凉一些。

番薯类

- 土豆泥
- 土豆沙拉

捣碎的土豆和蔬菜、肉类、鱼类一起烹饪可以让做出来的食物更加美味。

谷物

- 柔软的米饭
- 三明治·面条

米饭中的水分要比成年人吃的含量高一些，面包要把面包边去掉，面条类要切成3cm的长度。

鱼贝类

- 煮鱼 ·炸货
- 黄油面拖鱼

不要选择生鱼片、乌贼、章鱼等。尽量选择一些肉质柔软容易咬碎的鱼类，没有鱼骨头、不带刺的最好。

肉类

- 汉堡包
- 肉丸子

主要为肉糜类。汉堡包中的肉不要太硬，可以在肉糜中加一些豆腐。

蛋类

- 煎蛋
- 牛奶黄油炒鸡蛋

把鸡蛋打到锅里的时候，尽量让炒蛋的硬度和鲜鸡蛋的硬度相当。

海藻类

- 羊栖菜炖汤
- 裙带菜米饭

要将海藻类煮软。裙带菜不容易咬碎，一定要切得细一点。

蔬菜类

- 蔬菜沙拉
- 炖汤

最好把蔬菜炖得柔软一些。莴苣等叶类蔬菜吃起来不容易嚼碎，不要给宝宝生吃。

大豆·豆制品

- 纳豆·酱汤
- 炖豆类

豆腐类的食品只要充分注意卫生，可以生吃。如果是豆类要把皮去掉，这样吃起来会好一些。

调味料

- 用汤汁做底料的淡味汤
- 蛋黄酱、咖喱粉

炒菜、煮汤、涮蔬菜等可以适当搭配蛋黄酱、咖喱粉等。

油脂类

- 植物油
- 黄油

在炸货、炒菜时要用新鲜的植物油。但是注意不要用太多。

水果类

- 香蕉酸奶
- 水果蒸面包

擦丝捣泥或者蒸煮。柑橘类可以榨汁。

2岁宝宝食谱烹调方法的秘诀

牙齿已经基本长齐，这一阶段能吃的食物大大增加。这时宝宝还是喜欢边吃边玩，让宝宝尽情地享受每一餐吧！

烹饪时的注意事项

大小

- 现在开始可以吃很多不同的食物
- 可以把食物切成大小不同的尺寸，混在一起让宝宝吃
- 宝宝在吃不同的食物的时候，不经意间学会了咀嚼。

形状

- 之前一直用手抓着吃饭，现在开始学着用餐具进餐
- 开始会用汤匙、慢慢地会用叉子。
- 小菜类的食物要多下一些工夫，让宝宝用勺子吃食物的时候更顺利一些，吃起来会更加方便。

味道

- 可以让宝宝尝试着吃寿司饭等酸味的食物。
- 可以用大蒜或者生姜来调味
- 做饭的时候可以用市面上卖的咖喱料、牡蛎沙司、面汤等调味料

硬度

- 当臼齿长出来之后，可以给宝宝吃一些比较硬的食物。
- 叶类蔬菜可以撕成碎片让宝宝吃。在每餐中逐渐增加叶类食物的量。
- 加热之后的肉类会变得比较硬，可以切成小块。

颜色

- 和1岁的时候一样，宝宝还是喜欢颜色鲜艳形状可爱的食物
- 色彩鲜艳摆放有创意的食物可以让宝宝更加有食欲
- 可以用星星状、小熊状的模具把食物做成相应的形状，这样宝宝看着这些可爱的造型就会很开心

不同食材的烹调要点让宝宝进食更加容易

牛奶类・乳制品

●奶酪夹心炸货
●比萨吐司

一日三餐肯定少不了，每餐中可以给宝宝加一些小点心，这样宝宝会更喜欢吃饭

番薯类

●炸薯类
●油炸丸子

面拖的香味可以中和薯类干巴巴的口感，这样宝宝会更喜欢吃。

谷物

●米饭
●面包・炒面、米粉

米饭的硬度和一般米饭一样即可。面包的边宝宝也可以吃得下。不要给宝宝吃年糕。

鱼贝类

●蚬子・蛤蜊汤
●铝箔纸烤鲑鱼

乌贼、章鱼、鱼糕等宝宝还不能完全嚼碎。新鲜的生鱼片可以适量给宝宝吃一点。

肉类

●蔬菜炒肉
●炒肉丝

一定要让食物看上去整齐不凌乱。肉类切成1cm的薄片宝宝吃起来会方便点。

蛋类

●芙蓉蟹炒蛋
●蔬菜鸡蛋汤

尝试在鸡蛋中混入蔬菜等。食材一定要烹饪得柔软一些。

海藻类

●海苔卷
●裙带菜米饭

臼齿已经长出来了，可以用臼齿咀嚼，裙带菜可以切得大一些了。

蔬菜类

●蔬菜炒肉
●炸什锦

注意观察宝宝臼齿的生长情况，即使是叶类蔬菜宝宝可以吃的种类也在大幅度增加。

大豆・豆制品

●猪肉豆类
●大豆什锦煮

建议用大豆煮罐头肉。纳豆可以直接吃。

调味料

●伍斯特辣酱油
●醋

可以用调味料调出各种不同的味道。只要注意一个原则即可：味道一定要清淡。

油脂类

●坚果黄油
●橄榄油

这一阶段可以给宝宝用各种不同的油做饭，只要根据不同的菜品选用不同的油即可。

水果类

●水果沙拉
●水果酸奶

把苹果平均切成八块，这样宝宝就能自己吃。可以摆出色彩鲜艳的造型吸引宝宝。

1岁到2岁的宝宝不擅长吃的食物有哪些？

正在长牙的宝宝不擅长吃的食物中有很多是家长们想不到的。

把宝宝的唾液全部吸走的食物

▶▶面包・白煮蛋・红薯

用水分把这种干干的感觉赶走!

牙齿还没有长齐的时候，唾液的分泌状况也不是很好，所以能吸收唾液的食材吃起来很费劲。面包和唾液的混合效果不是很好，所以最好涂上一些沙司之类的东西，这样可以让面包和唾液充分混合均匀。在煮红薯类的时候要多加一些水，这样红薯中的水分会多一些，切白煮蛋的时候要保持白煮蛋的水润。

和纸一样非常薄的食物

▶▶莴苣、裙带菜、炸货

切成细丝。莴苣最好先用水焯一下之后再切丝

像莴苣、裙带菜这样叶子很薄的食物用门牙咬不断，用臼齿也不能嚼碎。一定要尽量切得小一些。3岁以后才能让宝宝生吃莴苣。

硬的东西

▶▶肉块、大虾、章鱼、乌贼

不要选择非常硬的食物，可以把材料弄碎一些，改变食材的硬度!

炸猪排、煎牛肉等加热之后会变硬的食物嚼不烂。这一时期最好选用肉糜或者薄肉片。大虾、章鱼、乌贼等先敲打一会儿，然后再切成小块。

弹力十足的食物

▶▶ 鱼糕、魔芋、丛生口蘑

这一时期不要给宝宝吃这些食物

这些食材对于宝宝来说咀嚼很费劲，不容易吃下去。可以切成非常小的小块给宝宝吃，但是这一时期建议不要给宝宝吃这些食物。鱼糕等熬炼的食物中盐分非常多 ，不适合3岁之前的宝宝食用。

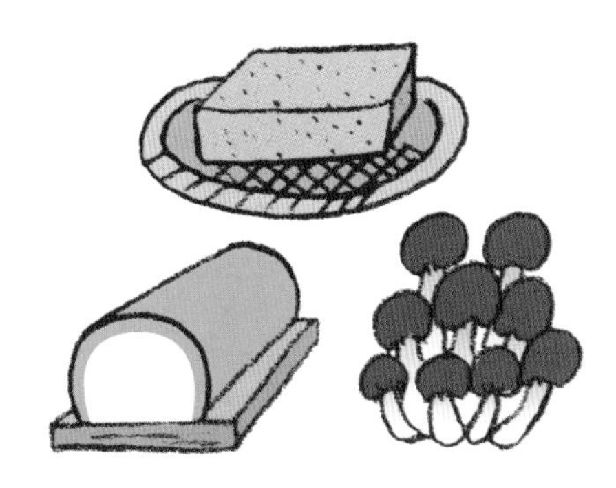

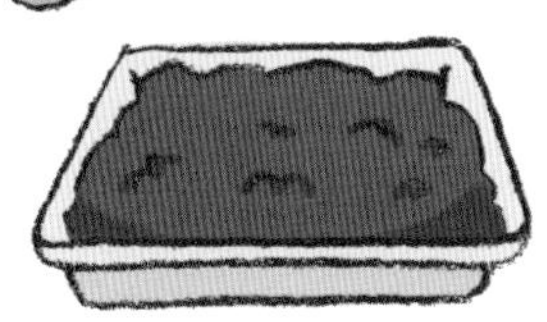

在口中会散开的碎食物

▶▶ 西兰花、肉糜

可以用勾芡处理这一类食物。肉糜可以做成汉堡包的形状

放在嘴里之后会散开，不能和唾液充分混合，所以不适合小宝宝食用。用白汁沙司或者土豆淀粉等把这些食材勾芡一下再给宝宝吃会好一些。肉糜可以用来黏结豆腐等，这样豆腐容易结成块状。

果皮容易留在嘴里的食物

▶▶ 豆子、西红柿

剥皮

豆子、西红柿等的皮嚼不碎会留在嘴巴里，宝宝会“噗！”吐出来。可以在宝宝吃之前把皮剥掉。

味道很浓的食物

▶▶ 蘑菇、韭菜

不要给宝宝吃

等宝宝长大一些后冉给宝宝吃这些味道很浓的食物。3岁之后就可以吃下大部分食物和蘑菇类了。

让宝宝快乐地用餐是治偏食的捷径

对食物的未知世界充满着好奇的旅程。爸爸妈妈是宝宝的指引者。一定要带领宝宝快乐地在食物的王国中畅游！

1岁到2岁的宝宝正在慢慢体会到吃饭的乐趣

宝宝在非常小的时候就会有想要自己吃饭的意识。一定要让宝宝保持这样的意愿并逐步加强，让宝宝什么都爱吃的关键是让宝宝感受到吃饭的乐趣。

如果在吃饭的时候经常训斥宝宝或者催促宝宝，宝宝就会感觉饭桌是一个非常无趣的地方。在餐桌上一定要尽量让宝宝开心，多夸奖宝宝，这样宝宝才会想要尝试更多的食物，食欲才会越来越好。

必要的时候可以让宝宝帮忙做饭。宝宝会模仿家长，一定要让宝宝感到快乐有趣。“看，这是宝宝帮妈妈洗的黄瓜呢，妈妈已经做成蔬菜条啦！”这样和宝宝说话，宝宝会非常开心。3岁之后可以让宝宝渐渐地用儿童刀叉帮妈妈做饭。

这些话语是不能说的！NG

不吃完的话，长不大哟！

捏得这么碎，弄得到处都这么脏。

不要玩，认真吃饭！

让1岁到2岁之间的宝宝养成吃饭的好习惯是非常困难的。不要生气发火，可以让宝宝和妈妈一起洗菜，一起去买东西，让宝宝体验一下买菜做饭的乐趣。

出去购物的时候是宝宝学习的大好时机。让宝宝对各种鱼类、不同形状的肉类感兴趣也是非常重要的。

这个年龄段的宝宝是不能按照大人们的期望养成良好的吃饭习惯的。容易把食物掉到地板上是宝宝这一阶段的重要标志，也有一定的意义在里面。所以，与其训斥宝宝不如结合宝宝这一阶段的发育特征，给宝宝创造一个有趣而欢乐的用餐时间。

3岁之后可以尝试宝宝之前不喜欢的食物

3岁之后宝宝的记忆力开始发育,这时可以培养宝宝的社会性。渐渐地宝宝也会理解家里的各种规矩，这一时期吃饭时的习惯也会慢慢养成。

作为家庭的一员，和家人一起围坐在饭桌前吃饭，边吃边聊，宝宝可以把准备的食物全部吃完。如果家人能给予鼓励，不喜欢的食物宝宝也会吃下去。如果说1岁到2岁之间宝宝在充分享受饭桌上的乐趣，这时宝宝想要努力克服自己不喜欢吃的食物的欲望会大大增加。

1岁到2岁左右的宝宝可以帮妈妈洗菜、摘菜等。

有过敏症宝宝的食谱

很多3岁之前的宝宝会对三大过敏原：鸡蛋、牛奶、小麦有过敏反应，如果出现这种情况，需要加强宝宝食物中的蛋白质和钙质，以免宝宝发生缺钙等现象。随着年龄的增长，过敏症会自然治愈，在医生诊断的基础上，注意观察宝宝的情况给宝宝选择合适的食物。

鸡蛋

蛋清是非常主要的一种过敏原，过敏反应比较强烈。加热之后的蛋清引起过敏反应的威力会变小一些。

●用到蛋清的食物举例

蛋黄酱、面包、西式零食（小饼干、蛋糕等），冰淇淋、提炼制品等。

- 炸货的面拖是用水和面粉制成的，炸东西的时候不要在面拖里面放鸡蛋。
- 面包中不要放鸡蛋，选择法式面包或者蒸面包。
- 汉堡包里面的夹心可以用豆腐代替。

牛奶·乳制品

加工冰淇淋、香肠等食物中含有牛奶的主要成分一酪素。一般这些食品的外包装上会有标记，一定要注意看一下。

●含有牛奶的食品举例

酸奶、奶酪、黄油、白汁沙司、冰淇淋、面包、西式点心（小饼干、蛋糕、巧克力等）

- 白汁沙司等是用可能会造成过敏的人造黄油、小麦粉、米粉等做成的。
- 西式点心材料中的过敏原牛奶、可可坚果牛奶等可以用其他材料代替。

小麦制品

小麦经过加工之后，引起过敏原的威力并不会减小，有些调味料里面也会含有面粉，一定要注意。

●含有小麦的食品举例

面包、面条、春卷、炸货、蛋糕、酱油、酱汤、番茄沙司、酱汁、大麦茶、咖喱酱。

- 主食类主要有面包、玉米片、米粉等。
- 调味料可以用米酱油、稗子豆酱、米醋等防止过敏的调料来代替。

其他食品

大豆、鲅鱼、乌贼、橙子、猕猴桃、面条、蟹子、大虾、花生、核桃等很多食物都可能是过敏原。

让宝宝无可挑剔的食谱50例

蔬菜、肉类、鱼类……
接下来为您介绍的这些食谱
可以及时让宝宝喜欢上自己不爱吃的食物

1岁　宝宝的平衡食谱

想要保持宝宝的营养均衡，最简单的是以日式食品食谱为基础的菜品。
先来准备主食、主菜、配菜、汤类四个菜品试试看吧！
不需要在宝宝的食谱上下太大的功夫，一天或者一周之中的营养保持均衡即可。
一般1岁左右的宝宝都会用手抓着吃，
所以一定要把小盘子里的食材摆放得可爱一些，这样会更有吸引力。

汤类

主要用来补充主菜、配菜中没有的营养元素。蔬菜、薯类、蘑菇、海藻、豆类等任何食物都可以用来做汤。

白薯牛奶汤 ➡ p66

配菜1

用富含维生素和矿物质的蔬菜、海藻、乳制品等做成的小菜可以有效调整身体状况。配菜可以做成拌菜、炒菜、沙拉等。

菠菜煎鸡蛋 ➡ p24

主菜

为了摄取足量的促进宝宝成长的蛋白质，可以做一些含有肉类、鱼类、蛋类、豆制品的小菜。

烤香肠糖果 ➡ p42

主食

米饭、面包、面类等富含碳水化合物的食物可以保证宝宝每天运动所必需的能量。

肝泥酱卷三明治 ➡ p44

配菜2

做两个配菜，蔬菜的种类会更丰富，量会充足一些。

胡萝卜橙子沙拉 ➡ p21

2岁 宝宝的平衡食谱

2岁的宝宝咀嚼能力大幅度提升，想要吃很多种食物。
最开始尝试给宝宝吃的食材可以用来做配菜以及汤类。
虽然宝宝在饭桌上的习惯还没有养成，
但从现在开始可以逐渐地教宝宝餐桌上的规矩，
米饭放在左手边，配菜放在右手边。

配菜1

配菜要做得漂亮一些，让宝宝开心地吃蔬菜。宝宝能熟练地食用叉子吗?

煎萝卜小熊 ➡ p32

主菜和汤汁混搭在一起

汤汁和足量的蔬菜搭配在一起，也可以直接作为主食食用，其中的菜品非常丰盛。

星星状咖喱味蔬菜炖肉 ➡ p38

配菜2

蔬菜原本的形状和颜色都一目了然的食物。可以让宝宝在了解蔬菜的知识的同时练习咀嚼。

酸奶沙司蔬菜条沙拉 ➡ p27

主食和主菜搭配在一起

可以在米饭和鲑鱼上稍微花点心思搭配一下，让主食和主菜融为一体，让宝宝吃起来更加欢乐！

鲑鱼片卷寿司 ➡ p58

宝宝不喜欢吃蔬菜、讨厌蔬菜的缘由是什么呢?

不喜欢苦味、涩味

嚼起来会尝到蔬菜中的苦味

不喜欢特殊气味的蔬菜

纤维太多，咬不断

口感不喜欢

宝宝最不喜欢吃的就是蔬菜。但是不要因为宝宝不喜欢吃就把蔬菜切成丝混在其他食物中，让宝宝吃下去，不建议妈妈们这么做。比如说胡萝卜，要保持胡萝卜原先的形状，让宝宝知道这是胡萝卜，然后多尝试几次。1岁到2岁左右的宝宝正处在尝试、安心、出错这样一个过程中。只要稍微改变一下形状或烹饪方法宝宝就会爱上蔬菜，让您有意想不到的收获!

此外，蔬菜是最容易让宝宝接触到原本形状的食材。可以在阳台上种植，或者去田野里玩耍的时候让宝宝亲密接触一下蔬菜，这样宝宝吃起来会更加亲切，没有距离感。

生的蔬菜不容易咬碎，一定要先用水焯一下，变软之后再给宝宝食用。

1岁食谱 胡萝卜橙子沙拉

用新鲜的橙汁调制出的柔软沙拉。
这样宝宝不会注意到胡萝卜的气味，吃起来会容易一些。

材料（1人份）

胡萝卜……………………………………25g
橙子………………………………………5瓣
A 橙汁……………………………1大匙
A 色拉油…………………………1/3小匙
A 食用盐…………………………少许

制作方法

1 胡萝卜去皮，擦丝，放在耐热容器中，盖上盖子，用微波炉加热三十秒。

2 橙子去皮，把其中的2瓣去掉皮只剩果肉，然后切成合适的大小。另外3瓣直接挤出果汁备用。

3 把材料A全部放在碗里，加入步骤1做好的食材。然后把步骤2中切好的橙子洒在上面，装盘。

※微波炉的加热时间以600w微波炉为标准。如果用500w微波炉可以适当延长加热时间。

1岁食谱 猪肉萝卜盖饭

让宝宝大口大口的吃起来吧！勾芡过的萝卜、
青豌豆罐头可能比较硬，可以选择冷冻的豌豆。

材料（1人份）

材料	用量
萝卜	25g
大葱	5g
猪肉糜	15g
青豌豆（冷冻）	5~6g
芝麻油	1/3小匙
汤汁	3大匙
A 酱汤	1/2小匙
A 酱油	少许
A 砂糖	1小撮
土豆淀粉	少量
米饭（软）	80g

制作方法

1 把萝卜切成1cm的小块，用水焯一下备用。大葱切成碎末。

2 在小平底锅中加入芝麻油把肉糜和大葱炒一下，变色之后把萝卜和汤汁加进去一起煮。

3 把材料A、青豌豆一起加到锅里，然后用土豆淀粉勾芡。最后把做好的菜浇在米饭上。

1岁食谱 土豆金枪鱼小烤串

薯类一般都很硬，很多小朋友不喜欢吃。
把薯类压成泥，把硬硬的感觉赶走之后，最适合做成煎炸食物让宝宝用手拿着吃了。

材料（1人份）

土豆………………………… 中等大小1/2个
洋葱（碎末）………………………… 1小匙
金枪鱼罐头（沥干水分）………… 1大匙
黄油………………………… 1cm见方的小块
海苔………………………………… 少量
小麦粉……………………………… 1大匙
色拉油……………………………… 1/2小匙
西兰花（焯水）……………………… 1簇

制作方法

1. 土豆去皮，切成1cm的薄片，用水焯一下。等热气散去之后放在塑料袋中压成土豆泥。
2. 用黄油把洋葱炒一下，并放进1中用的塑料袋中。同时把金枪鱼、海苔、小麦粉等也放进袋子里，充分混合后，取出来放在小模具里面成型。
3. 在平底锅中倒入适量的色拉油加热，把2中做好的食材放在平底锅中双面加热煎熟，然后撒上西兰花。

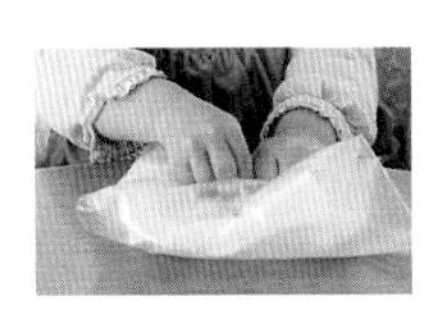

把放在塑料袋子里面的土豆交给宝宝来压碎。“宝宝帮妈妈把土豆压碎吧……”交代给宝宝去完成，会让宝宝非常开心，对接下来要吃的饭也会更加有兴趣。

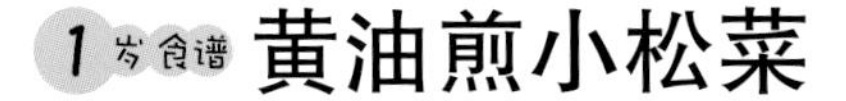

1岁食谱 黄油煎小松菜

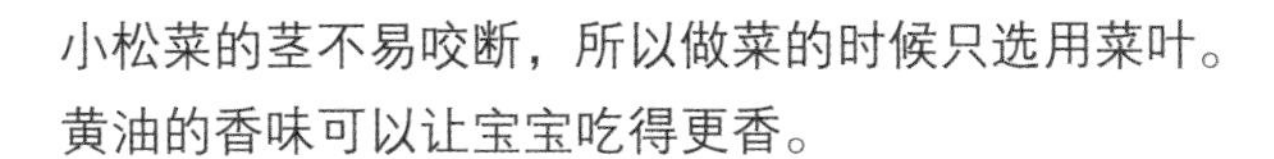

小松菜的茎不易咬断，所以做菜的时候只选用菜叶。
黄油的香味可以让宝宝吃得更香。

材料（1人份）

- 小松菜（叶子）……………………… 4片
- 培根………………………………… 1/4片
- 玉米粒……………………………… 1大匙
- 黄油……………………1cm见方的小块
- 食用盐……………………………… 少许

制作方法

1. 把小松菜用水焯一下，切成1cm长的小段。把培根切成5mm的小块。
2. 把黄油和培根放在长柄平底锅中翻炒一下，加入玉米粒、食用盐、1中处理好的食材，并继续翻炒，炒好之后盛在盘子里。

1岁食谱 菠菜煎鸡蛋

可以将菠菜叶子和茎一起切碎后食用。
菠菜的涩味可以用鸡蛋掩盖一下，吃起来没有太大感觉。

材料（1人份）

- 菠菜………………………………… 4棵
- 鸡蛋………………………………… 1/2个
- 色拉油……………………………… 1/2小匙
- 食用盐……………………………… 少许

制作方法

1. 把菠菜用水焯一下，然后切成1cm的小段。
2. 用长柄平底锅把色拉油加热之后，倒进鸡蛋液，翻炒。把1中处理好的菠菜和食用盐放进去一起翻炒，出锅。

让孩子吃叶类蔬菜的方法

吃辅食时已经习惯菠菜饼的宝宝，到了开始长牙的时候可能会不再喜欢菠菜。这是因为宝宝感觉到了叶类蔬菜中的苦味、涩味等，而且纤维太多的叶类蔬菜用门牙咬不断。这一时期给宝宝做菜的时候，只用叶尖，横向纵向把叶子切成碎末，这样吃起来会比较容易。此外，还可以稍微花点心思，把菜叶用水焯一下，去除涩味、苦味。茼蒿、韭菜等气味比较强烈的蔬菜可以在宝宝稍微大一点的时候再喂宝宝吃。

1岁食谱 黄麻纳豆大碗饭

比菠菜营养价值更高的黄麻。
和黏黏的纳豆是最佳搭档。

材料（1人份）

黄麻（叶尖）……………………… 4片
纳豆…………………………………… 20g
酱油…………………………………… 少许
米饭(软) …………………………… 80g

制作方法

1. 把黄麻用水焯一下，变软之后，切碎。
2. 把酱油和纳豆充分混合搅拌均匀。
3. 在儿童餐具中盛上米饭，把1和2中处理好的食材放在米饭上面即可。

2岁食谱 酸奶沙司蔬菜条沙拉

用手拿着，用门牙咬着吃。可爱的蔬菜棒沙拉。
一定要用断生蔬菜。黄瓜可以用生的，让宝宝品尝一下黄瓜的真滋味。

材料（1人份）

胡萝卜（7mm厚7cm长）……………2条
芦笋（笋尖之下7cm长）……………2条
黄瓜（7mm厚7mm长）………………2条
A | 蛋黄酱 ……………………… 1/2小匙
　 | 酱汤 ………………………… 1/3小匙
　 | 酸奶 …………………………… 1小匙

制作方法

1 将胡萝卜去皮，切成指定长度。芦笋也切成指定长度。将叶鞘去掉，用水焯一下，使其变软。

2 把黄瓜切成指定长度，和1中处理好的食材摆放在一起。

3 把材料A放在一个小碗中充分混合均匀，浇在2中处理好的食材上面。

右图是成人吃的蔬菜棒大小，宝宝吃的可以参考这样的大小，切成一半大即可。

2岁食谱 白菜黄瓜苹果沙拉

让宝宝感受不同口感的蔬菜沙拉。
只采用白菜的叶尖部分。菜帮可以用来做炖菜。

材料（1人份）

白菜（叶尖）………………………… 15cm
黄瓜……………………………………… 10g
苹果……………………………………… 15g
A 蛋黄酱 ……………………………… 1小匙
酸奶 …………………………… 1/2小匙

制作方法

1 把白菜放在水中焯一下之后，切成细丝。黄瓜切成1cm长的小块，苹果去皮之后切成薄片。

2 把材料A放在小碗里面，充分混合，然后把1中处理好的食材加进去，搅拌装盘。

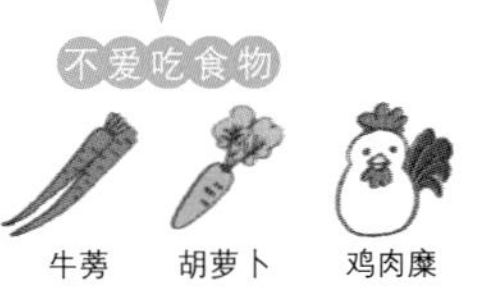

2岁食谱 牛蒡条汉堡肉

用手抓食的汉堡包，形状非常有趣。
如果煮了很多牛蒡，可以顺便做这个汉堡

材料（1人份）

牛蒡（7mm厚6cm长）……………… 2根
胡萝卜…………………………………… 5g

A
- 汤汁 ……………………………… 100ml
- 砂糖 ……………………………… 1/3小匙
- 酱油 ……………………………… 1/3小匙

B
- 洋葱（碎末）…………………… 5g
- 鸡肉糜 …………………………… 20g
- 蛋液 ……………………………… 1小匙
- 酱汤 ……………………………… 1/3小匙

色拉油………………………………… 1/3小匙

制作方法

1. 把牛蒡和材料A放进小锅中煮软。
2. 胡萝卜煮软之后，切成碎末。放入小碗中加入材料B混合。
3. 把2中做好的材料分成两份，在手掌上摊开，把1中处理好的牛蒡放在上面，两端各留出1.5cm的长度，然后用材料包裹起来做成汉堡形状。
4. 把色拉油放在平底锅中加热，把3中处理好的汉堡肉边翻边煎，直到熟透。

虽说是柔软的鸡肉，煎制过程中一定要把握好度，煎到软硬适中即可。可以加少量蛋液凝固固定，让肉糜都黏在一起。

2岁食谱 土豆沙拉冰淇淋

用冰淇淋的蛋筒装满土豆泥，非常有创意而有趣的独特风味小吃。
这一创意可以用在其他菜品中。

材料（1人份）

材料	用量
土豆	中等大小的1/2个
胡萝卜	5g
火腿	1/4片
冰淇淋蛋筒	1个
A 蛋黄酱	1/2小匙
A 酸奶	1/2小匙
A 西芹（碎末）	1/2小匙

制作方法

1 把土豆切成5mm的薄片，并用水焯一下，等热量散去后，装进塑料袋中压碎。

2 把胡萝卜用水焯软一些，火腿用水过一下，然后全部切成粗末。

3 把2中处理好的食材和材料A装进1的塑料袋中并充分混合均匀。

4 把3中塑料袋的一角切掉1cm，然后把里面的食材挤到冰淇淋蛋筒中，最后用勺子把形状整理好。

2岁食谱 胡萝卜果酱三明治

用微波炉可以轻松搞定的胡萝卜果酱三明治，
装饰特别可爱。

材料（1人份）

三明治用面包……………………………1片

A
- 胡萝卜（切碎）…………………15g
- 苹果（切碎）……………………6g
- 砂糖……………………………1小匙
- 水………………………………适量

用黄油刀把胡萝卜果酱自然地涂在面包片上。因为果酱是直接涂在面包上面的，所以吃起来非常方便。

制作方法

1 把面包均分成4份，在其中2片的中间挖出一个心形。挖下来的部分做成烤土司。

2 把材料A放在耐热容器中并充分混合，变得非常松软之后盖上盖子放进微波炉中加热一分钟。取出来如果看到还有水分，可以放回去再加热一会儿。

3 把材料A涂抹在1中处理过的两片面包上面，然后把挖出心形的两片面包放在上面夹起来。装在盘子里，再把烤吐司片放在上面。

2岁食谱 煎萝卜小熊

为了让宝宝记起“森林里的小熊”这首可爱的儿歌，将萝卜煎煮好之后用模具把萝卜刻成小熊的形状，然后煎成小饼，可以完整地保持原有的形状。

材料（1人份）

萝卜（1cm厚的圆片）……………… 2片
西兰花………………………………… 1簇
A
- 汤汁 ………………………… 100ml
- 酱油 ………………………… 1/3小匙
- 砂糖 ………………………… 1/3小匙

黄油……………………1cm见方的小块
黑芝麻………………………………… 4粒

制作方法

1. 用调料A把萝卜煮软。西兰花掰成小瓣儿也用调料A煮一下。
2. 把1中处理好的萝卜用模具刻成小熊的形状。
3. 用平底锅加热色拉油，然后把2中处理好的萝卜放进去，煎至两面金黄。
4. 装盘，把黑芝麻放在萝卜上，做成小熊的眼睛，然后把西兰花摆在旁边。

掌握基础汤汁的制作方法吧！

五味中除了甜咸酸苦之外，还有“香味”。
这五味之中宝宝最能接受的就是甜味和香味，
对于美味的汤汁更是敏感。
当妈妈很忙没有时间做饭的时候，会用市面上卖的美味调料包，
这种调料包中含盐量很高，而且会担心里面有添加剂。
幼儿吃的汤汁量非常少，当有时间的时候，
可以为宝宝手工做一些汤汁，让宝宝记住食物本身的美味。

在小锅里面放入适量的水和海带，并加热。

当海带上面出现气泡之后，捞出来。捞出来的海带还可以用来做炖菜。

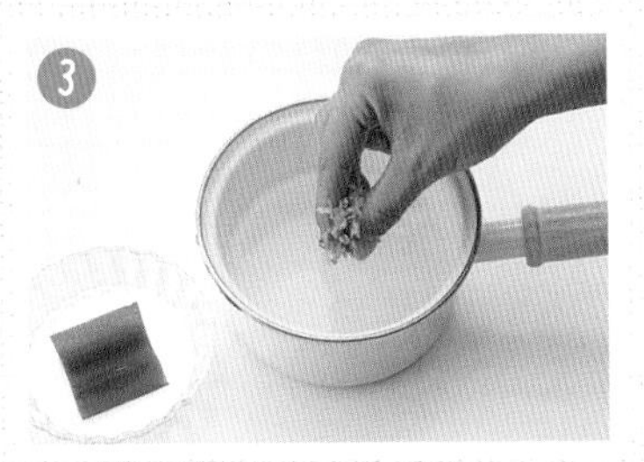

在锅里放1小撮干鲣鱼，并关火。

当鲣鱼沉底之后，用茶漏把鲣鱼过滤出来，制成汤汁。

烹调法

可以试一下的秘籍

如果时间很紧，可以把干鲣鱼放在小茶壶里，然后把开水倒进茶壶里，这样就可以做出简单的汤汁。

2岁食谱 山药梅花煮

山药加热之后就不会让人发痒了，所以小朋友也可以吃。
味道非常不错呀！

材料（1人份）

山药（1cm厚的圆片）………………3片
胡萝卜（5mm的圆片）………………1片
毛豆（煮过的）………………………3粒
A 汤汁……………………………100ml
 砂糖…………………………1/3小匙
 酱油…………………………1/3小匙
土豆淀粉…………………………少量

制作方法

1 山药、胡萝卜都用模具刻出梅花形状。
2 把材料A放在小锅中煮一下，然后把1处理好的食材放入煮软。
3 在关火之前，剥掉毛豆衣，和土豆淀粉一起放入锅中，开锅之后盛入碗中。

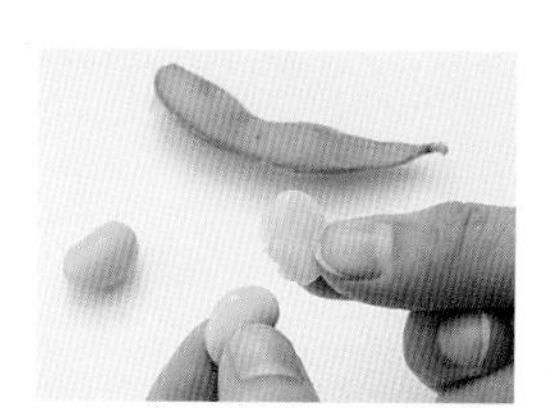

毛豆衣会留在嘴巴中嚼不烂，做菜之前要把衣去掉，把每一个豆粒分成两半。

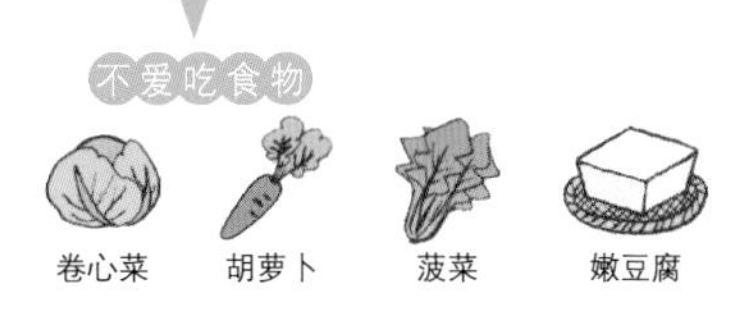

2岁食谱 清拌卷心菜菠菜

味道清淡的豆腐把卷心菜和菠菜包裹起来。
不喜欢吃的蔬菜，从此之后也会逐渐喜欢起来。

材料（1人份）

卷心菜（叶尖）…… 10g
胡萝卜…… 5g
菠菜…… 10g
嫩豆腐…… 15g
A 白芝麻 …… 1/3小匙
砂糖 …… 1/3小匙
酱油 …… 1/4小匙

制作方法

1 卷心菜和胡萝卜分别切成1.5cm长的细丝，然后用水焯一下。菠菜用水焯软之后，切成1.5cm的长度（菠菜焯后可去掉草酸）。

2 把豆腐用水焯一下，捞出散热。

3 把2中处理好的豆腐放在研磨器中，并把材料A加进去。

4 在3处理好的食材中加入1中处理好的蔬菜，然后盛在盘子里。

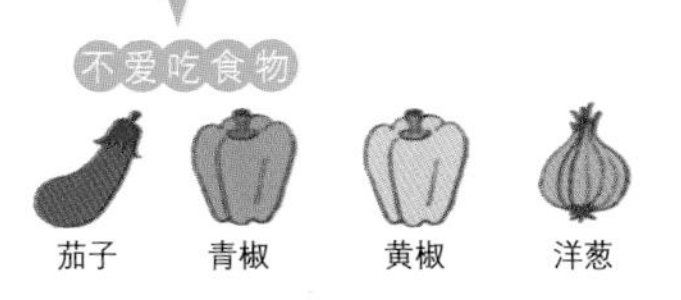

2岁食谱 酱汤炒茄子青椒

茄子的口感像海绵一样，宝宝不喜欢。
用刀法的技巧把茄子切成容易吃的大小，然后配上色彩鲜艳的蔬菜。

材料（1人份）

茄子………………………………………20g
青椒………………………………………10g
黄椒………………………………………10g
洋葱………………………………………10g
芝麻油…………………………………1/2小匙
A｜汤汁………………………………1小匙
　｜酱汤……………………………1/3小匙
　｜砂糖……………………………1/3小匙

制作方法

1 用刀把茄子皮切成格子状，然后把茄子切成1cm的方块。青椒、黄椒、洋葱等也切成1cm的方块。

2 把1中处理好的茄子、青椒、黄椒放在水里焯一下。

3 用平底锅加热芝麻油，然后把1中处理好的洋葱放进去翻炒，当洋葱变成透明色之后，加入其他蔬菜翻炒，最后把材料A放进去一起翻炒混合均匀。

用刀把茄子皮切成细细的格子状之后，宝宝嚼起来会轻松一些。

2岁食谱 煎三色椒

把吸足汤汁的青椒用黄油裹一下，这样味道会更浓一些。
这是可以去除青椒苦味的一道美食。

材料（1人份）

青椒………………………………………10g
红、黄椒…………………………………各10g
汤汁………………………………………2大匙
黄油…………………………1cm见方的小块
食用盐……………………………………少许

制作方法

1 将青椒和红黄椒一起切成1cm宽2cm长的块状。

2 把汤汁和1中准备好的食材一起放进小锅中，加热至水分基本蒸发完之后，翻炒。

3 在2中处理好的食材中放入黄油并翻炒，加入盐之后装盘。

2岁食谱 星星状咖喱味蔬菜炖肉

一种可以代替主菜的食材丰富的炖菜
可以适量加入一些咖喱粉，这样能让宝宝体会到不一样的香味。

材料（1人份）

	小香肠(去皮)	20g
	土豆	15g
	洋葱	10g
	卷心菜	10g
	红、黄椒	各10g
A	水	1/3杯
	清炖肉汤（颗粒）	少量
	咖喱粉	1/3小匙

制作方法

1. 香肠切成适合吃的大小，土豆、洋葱、卷心菜切成1.5cm的方块。
2. 红黄椒用模具刻出星星的形状。
3. 把材料A放进小锅中煮，然后把1、2中做好的食材一起加进去，煮至柔软，盛进盘子里。

烹调法

圆形卷心菜需要再过一段时间再给宝宝吃！

圆形卷心菜中含有的纤维太多，咬不断，所以吃起来很费劲。2岁之前最好吃肉丸子和切碎的卷心菜炖的汤。

2岁食谱 胡萝卜意大利面

胡萝卜和意大利面一起煮，用时较短的烹调法。
颜色艳丽，可以让宝宝快乐地吃起来的菜品。

材料（1人份）

意大利面	20g
胡萝卜	8g
洋葱	10g
火腿	1/2片
豆苗	少许
色拉油	1/3小匙
番茄酱	1小匙

意大利面和胡萝卜一起煮，豆苗最后放进去，用水的余温焯一下即可。

制作方法

1. 把意大利面折成2~3cm的长度。把胡萝卜切成细丝。洋葱和火腿切成宽5mm长2cm的细丝。
2. 在小锅中将水煮沸，把1中的意大利面和胡萝卜一起放入水中煮，然后用漏勺捞出来。最后把豆苗放进去焯一下。
3. 在长柄平底锅中加热色拉油，把洋葱翻炒至透明，然后把火腿、2中处理好的食材和番茄酱全部加进去翻炒。
4. 2中处理好的豆苗切成1cm的细丝，和3中的食材混合，然后装盘。

让宝宝爱上肉类的食谱

宝宝不喜欢吃肉类、讨厌肉类的缘由是什么呢？

宝宝不喜欢吃肉一般是因为纤维太硬咬不断，或者口感不喜欢。可以先从肉糜开始，逐渐过渡到鸡胸肉、薄肉片等较柔软的肉类，这些肉比较好咀嚼，宝宝可以逐步适应。切薄肉片的时候，先用刀背把肉拍打一下，把纤维打断，然后切成小片，之后逐渐切成大片。

肉糜到嘴里之后就会散开，吃起来感觉不好，可以用勾芡缓解零散的感觉，在做汉堡肉或者肉丸子的时候，建议用豆腐等来粘连肉糜。

1岁食谱 柔软的汉堡肉

把豆腐放在增稠料中，可以制成松软可口的迷你汉堡肉。
用番茄酱装饰一下，会更可爱。

材料（1人份）

材料	用量
北豆腐	20g
洋葱	10g
西兰花	一簇
混合肉糜	40g
A 面包粉	1大匙
A 鸡蛋液	1大匙
A 食用盐	少许
色拉油	1/2小匙
番茄酱	1小匙

制作方法

1. 北豆腐切成2cm的小丁，然后用厨房纸包起来，放置5分钟。洋葱切碎末，用微波炉加热30秒。
2. 用水焯一下西兰花。
3. 把混合肉糜、1的材料、材料A全部放到小碗里混合均匀，然后制成小型汉堡。
4. 用平底锅加热色拉油，然后把3中处理好的食材放进去煎至两面金黄，小火盖盖焖一会儿。
5. 把4做好的食材盛在盘子里，挤上番茄酱，把2中处理好的西兰花放进去。

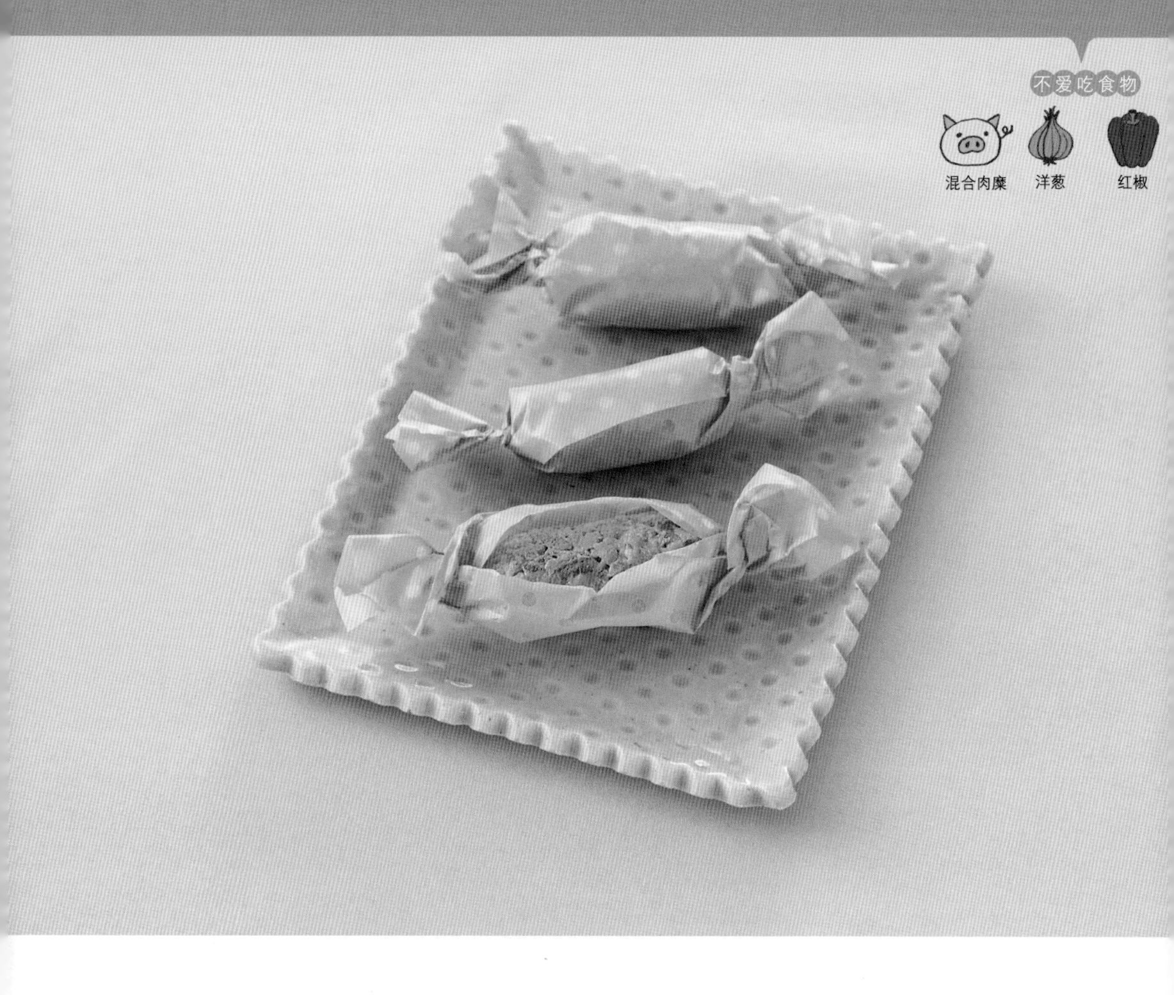

1岁食谱 烤香肠糖果

里面包的是什么呢？让宝宝心怀期待的烤香肠糖果
可以用微波炉简单制作完成，也可以在朋友聚会上做这道菜。

材料（1人份）

培根…………………………………… 1/4片
洋葱…………………………………… 10g
红椒…………………………………… 5g
猪肉糜………………………………… 40g
A | 鸡蛋液 ……………………………… 3小匙
| 食用盐 ……………………………… 少许
蜡纸…………………………………… 适量

制作方法

1. 培根、洋葱、红椒全部切成细末。
2. 把1中处理好的材料以及猪肉糜、材料A一起放到碗里，充分搅拌混合，3等分，放在透明薄膜内包成糖果状。
3. 放在微波炉中加热1分钟。
4. 用蜡纸包好之后装盘。

这是刚从微波炉中拿出来的样子。如果直接这样吃，里面的汤汁会流出来，吃起来不方便，可以用蜡纸包一下，会好很多。

不爱吃食物

1岁食谱 鸡胸肉拌蔬菜

把鸡胸肉切成细末，这样吃起来会方便一些，然后在鸡胸肉上浇上蔬菜，这样可以减小鸡胸肉的硬度。

材料（1人份）

- 鸡胸肉…… 1/3片
- 胡萝卜…… 3片
- 大葱…… 10g
- 蘑菇…… 5g
- 青椒…… 5g
- 芝麻油…… 少许
- A 汤汁…… 50g
- A 酱油…… 1/3小匙
- 食用盐…… 少许
- 土豆淀粉…… 少许

制作方法

1. 鸡胸肉和薄片胡萝卜一起在开水里焯一下。
2. 把大葱切成细末，蘑菇和青椒切成1cm的小块。
3. 等1处理好的鸡胸肉放凉之后，切成细末。
4. 把芝麻油倒在平底锅中加热，然后把2中的大葱和蘑菇一起翻炒，等变色之后加入青椒，然后把材料A和1中的胡萝卜加进去，煮一小会儿。
5. 加入食用盐调味，然后用土豆淀粉勾芡，把做好的食材盛到盘子里，撒上1中处理好的鸡胸肉。

1岁食谱 肝泥酱卷三明治

在辅食中也用肝泥酱做过吐司面包，这里加入黄瓜条卷成三明治，
用手拿着吃非常方便。

材料（1人份）

肝泥（市售即可）…………………… 2小匙
三明治用面包片……………………… 1片
黄瓜（斜切薄片）…………………… 2片
蛋黄酱………………………………… 1/2小匙
牙签…………………………………… 3根

制作方法

1 把肝泥和蛋黄酱混合均匀，涂在三明治用面包片上面。

2 在1中处理好的面包片上放黄瓜条，然后把面包卷起来，用牙签固定住三个地方，并切成三段，装盘即可。

牛肩肉

红椒

黄椒

豆角

2岁食谱 牛肉三色蔬菜卷

红椒和黄椒的口感和卖相都非常吸引人。
硬度不同的食材混搭在一起，可以当做宝宝的咀嚼练习。

材料（1人份）

- 牛肩肉（薄片）…… 20g
- 红椒（5mm厚的丝）…… 1个
- 黄椒（5mm厚的丝）…… 1个
- 豆角（水焯）…… 1个
- A
  - 砂糖 …… 1/2小匙
  - 酱油 …… 1/2小匙
  - 色拉油 …… 1/3小匙

制作方法

1. 牛肩肉用材料A腌制。
2. 用1中做好的材料将红椒和黄椒、豆角卷在里面，然后用平底锅把色拉油加热，煎制。

卷肉卷的时候，牛肉和蔬菜之间尽量不要留缝隙，卷到最后将接口处压在下面，这样煎制的时候不容易散开。

不爱吃食物

牛肩肉　西红柿　金针菇　大葱

2岁食谱 中式牛肉炒西红柿

用薄牛肉片炒西红柿，这是中餐的做法。
勾芡之后，口感变好，吃起来比较容易一些。

材料（1人份）

	薄牛肉片	30g
	西红柿	20g
	金针菇	5g
	大葱	5g
	小葱（切小段）	2cm
	芝麻油	1/3小匙
A	玉米粒	5g
	砂糖	少许
	酱油	1/2小匙
	土豆淀粉	少许

制作方法

1. 薄牛肉片切成1cm的厚度。西红柿去皮去籽切成1cm的方块。
2. 金针菇切成1cm长，大葱切成粗末。
3. 用平底锅加热芝麻油，然后把2中处理好的食材和材料A放进去翻炒。
4. 等变软之后，加入1中处理好的食材翻炒，加土豆淀粉，等出现勾芡状后，盛在盘子里，撒上小葱末。

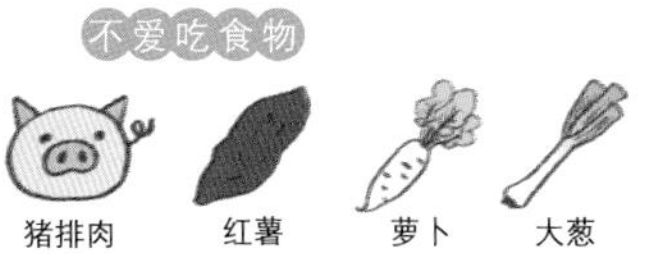

2岁食谱 红薯酱汤

简单汤汁的味道是现阶段需要让宝宝记住的美味之一。
保留红薯的皮这样可以让宝宝体会到红薯的口感。

材料（1人份）

猪排肉（薄片）…… 10g
红薯…… 20g
萝卜…… 10g
大葱…… 5g
芝麻油…… 少许
汤汁…… 半杯
酱汤…… 5g

制作方法

1 猪排肉切成1cm长，红薯带皮切成片，萝卜去皮切片。大葱切成段。

2 用小锅加热芝麻油，放入猪排肉翻炒，等熟了之后，放入汤汁和1中处理好的蔬菜，煮软即可。

3 把2中处理好的食材放入酱汤，煮沸之后起锅。

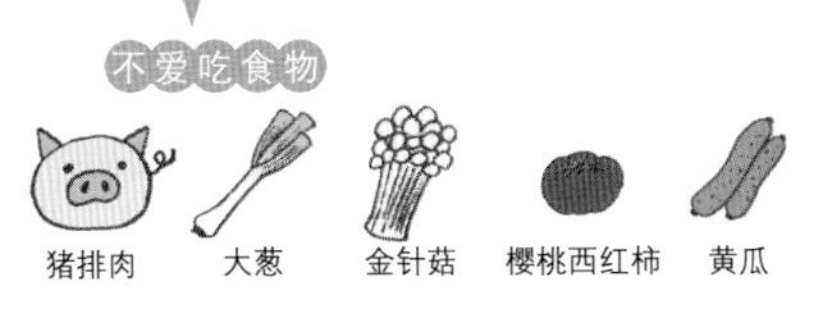

2岁食谱 炸酱面

肉酱汤一改面条本来的味道。
是非常适合夏天的清爽菜品。

材料（1人份）

大葱………………………………10g
金针菇……………………………5g
猪肉糜……………………………30g
挂面(切成2~3cm) ………………20g
樱桃西红柿………………………1个
黄瓜（切薄片）…………………15g
芝麻油……………………1/2小匙
A 酱汤 ……………………1/2小匙
　酱油 ……………………1/3小匙
　砂糖 ……………………1/3小匙

制作方法

1. 把大葱和金针菇切成细末。
2. 用平底锅加热芝麻油，把猪肉糜和1中处理好的材料放进去翻炒，等熟了之后放入A调味。
3. 挂面煮熟之后过凉水。把樱桃小西红柿用水焯一下，去皮切成4等分。
4. 用碗盛出面，把2中做好的肉酱汤浇在上面，然后放上黄瓜和樱桃西红柿即可。

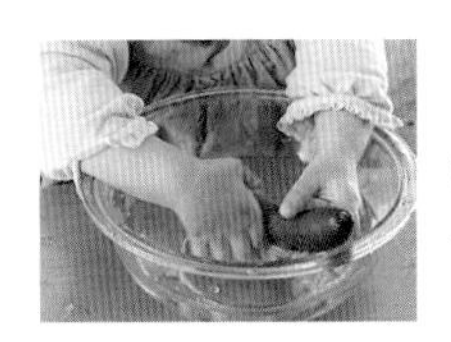

可以让宝宝帮忙洗黄瓜。这样可以激发宝宝自己吃饭的欲望。

烹调法

樱桃西红柿一定要用水焯一下再去皮

用牙签在樱桃西红柿上割一道口，用热水焯过之后，放在凉水中去皮就会非常容易。

2岁食谱 菠菜炸鸡块

做成大人吃的炸鸡块的一半大小即可。
添加菠菜之后，营养更均衡

材料（1人份）

鸡肉………………………………40g
菠菜………………………………30g
A 砂糖 ……………………1/2小匙
　酱油 ……………………1/2小匙
土豆淀粉…………………………适量
色拉油（油炸用）………………适量
色拉油（炒菜用）…………1/3小匙
食用盐……………………………少许

制作方法

1. 鸡肉切成3cm的方块，用材料A调味，然后撒上土豆淀粉，用色拉油炸过之后，放在盘子里。
2. 用水焯一下菠菜，切成1cm左右的小碎末。
3. 用长柄平底锅加热色拉油，然后把2中处理好的菠菜翻炒一下，用盐调味，然后把1中处理好的食材加进去。

2岁食谱 迷你烤肝鸡串

可以灵活运用市面上卖的烤串烹饪。
和大人们吃同样的东西，宝宝会充满期待。

材料（1人份）

鸡肝（市售烤串）……………………… 1块
胡萝卜（1.5cm的方块） …………… 2块
芦笋（笋尖下1.5cm） ……………… 2根
牙签或者竹签………………………… 2根

制作方法

1 把1块鸡肝切成两半，放在微波炉中加热30秒。
2 把胡萝卜和芦笋用水焯一下，放凉之后，和肝一起串在竹签上。

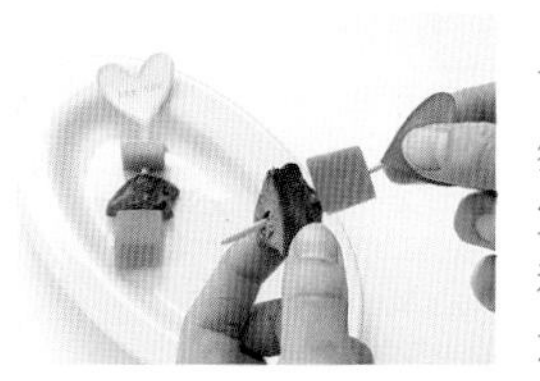

可以用一些可爱的牙签或者竹签。但是宝宝吃饭的时候一定要看好宝宝，以免发生意外。

宝宝不喜欢吃鱼类、讨厌鱼类的缘由是什么呢?

肉质弹力太大，
不容易嚼碎
（章鱼、乌贼等）

鱼肉含有大量的蛋白质而且热量较低。为了保证健康的生活，需要积极摄取鱼类。但是，很多大人也不喜欢吃鱼，如果是这样的话，可以用金枪鱼罐头或者扇贝罐头做菜，也可以尝试用没有腥味的鲑鱼、鳕鱼做菜。

1~2岁的宝宝一定要吃没有鱼刺的鱼肉。但是最好也要给宝宝展示一下整个鱼的形状和样子。

如果有腥味，可以用白汁沙司或者黄油酱油等来调味，青鱼切成肉末和肉糜和在一起，可以让宝宝乖乖吃下去。

1岁食谱 油炸面拖金枪鱼棒

每个宝宝都喜欢的没有腥味的金枪鱼棒。
用手拿着吃正合适。

材料（1人份）

材料	用量
金枪鱼	30g
西兰花	1簇
食用盐	少许
A 小麦粉	适量
A 鸡蛋液	适量
A 面包粉	适量
色拉油	适量

制作方法

1. 金枪鱼切成1cm宽的棒状，再撒上盐腌一会儿。把西兰花分成小块儿，用水焯一下。
2. 1中的金枪鱼依次裹上小麦粉、鸡蛋液、面包粉，然后在长柄平底锅中加入没过锅底的色拉油，炸金枪鱼棒。
3. 装盘，装饰上西兰花即可。

1岁食谱 奶汁焗鲑鱼

用白汁沙司把鲑鱼打碎变软，这样吃起来更方便一些。
青豌豆可以让营养更均衡，色彩更鲜艳。

材料（1人份）

生鲑鱼……………………………… 1/4条
通心面……………………………… 15g
洋葱………………………………… 20g
色拉油……………………………… 少许
黄油……………………1cm见方的小块
小麦粉……………………………… 1大匙
牛奶………………………………… 50ml
食用盐……………………………… 少许
青豌豆（冷冻）…………………… 20g
奶酪粉、面包粉…………………… 各适量

制作方法

1. 用长柄平底锅加热油，然后把鲑鱼煎一下，去皮去骨，让鱼肉松散开来。
2. 通心面煮熟备用。
3. 黄油放进平底锅中溶化，把切成1.5cm长的洋葱翻炒至变色变软。然后撒上小麦粉翻炒，注意不要糊锅。加入牛奶充分混合直到出现勾芡状，加入食盐调味。
4. 在3中处理好的食材中加入1和2中的食材，充分混合装入耐热容器中。然后把去皮青豌豆、奶酪粉、面包粉等洒在食材上，放入烤箱中烤5~6分钟即可。

1岁食谱 扇贝鸡蛋面

味道清淡，宝宝非常爱吃的柔软面条。
扇贝罐头只要短时加热即可，汤汁可以用来煮面，非常方便。

材料（1人份）

面条（水煮）…………………………50g
扇贝（罐头）…………………………20g
豆角……………………………………1个
鸡蛋……………………………………1/3个
A 汤汁+罐头汤 …………………150ml
A 酱油 ………………………………少许

制作方法

1. 面条切成2cm长的小段。
2. 把扇贝解冻之后备用（罐头汁取出备用）。豆角摘丝之后，用水焯软，切成1cm宽的小段。
3. 把材料A放进小锅里加热，然后放入面条煮熟。
4. 把鸡蛋打在碗里搅拌均匀，把2中处理好的食材放进去充分混合，然后放到3煮好的面条里面，搅拌加热后，盛入碗中即可。

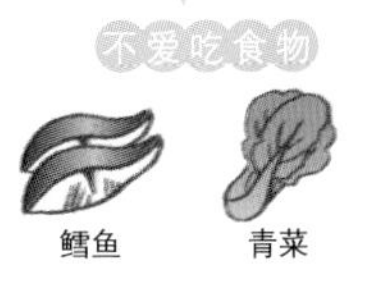

1岁食谱 鳕鱼青菜汤

用没有腥味的食材做的一款非常清淡的汤。
勾芡处理之后，口感更好。

材料（1人份）

生鳕鱼…………………………………… 1/4块
青菜…………………………………… 1/2棵
A 汤汁 ………………………………150ml
A 酱油 ………………………………… 少许
土豆淀粉……………………………… 少许

制作方法

1 鳕鱼去皮去骨，切成三段。青菜茎切成1cm长，叶子纵向切成三段，再切成1cm长。

2 把材料A放进小锅中稍煮片刻，把1处理好的材料加进去，煮软之后加入土豆淀粉勾芡，出锅装盘即可。

1岁食谱 鱼粉拌紫菜

市面上卖的鱼粉拌紫菜盐分含量过高。
可以自己在家中用干制鲣鱼做自己想要的鱼粉拌紫菜。

材料（1人份）

干制鲣鱼………3g

A
- 白芝麻………1小匙
- 海苔………1小匙
- 食用盐………少许

制作方法

1. 用长柄平底锅把干制鲣鱼轻轻翻炒一下，等余热散去之后，放在研磨钵里磨成粉状。
2. 把1中磨好的鱼粉和材料A充分混合，然后装盘即可。

2岁食谱 嫩煎鳕鱼

裹上鸡蛋液炸成金黄色的鱼类。
面拖松脆的口感是这道菜的亮点！

材料（1人份）

- 生鳕鱼……………………………… 1/3块
- 食用盐……………………………… 少许
- A 小麦粉 …………………………… 2小匙
- A 鸡蛋液 …………………………… 1/3个
- 荷兰芹（切细末）………………… 少许
- 黄油………………… 2块1cm见方的小块

制作方法

1. 鳕鱼去皮去骨，切成3段，撒上盐腌制。
2. 把材料A和1中处理好的鳕鱼混合。
3. 黄油放在平底锅里加热，把2中处理好的食材放入锅中煎制，最后装盘即可。

2岁食谱 鲑鱼片卷寿司

粉红色的鲑鱼片手工制作的卷寿司。
比市面上卖的盐分要少一些，鲑鱼的鲜味保留完好。

材料（1人份）

生鲑鱼…… 1/3
米饭…… 80g
食用盐…… 少许
白芝麻…… 1/2小匙

制作方法

1. 鲑鱼煎一下，去皮去骨。
2. 在研磨钵里放入1中做好的鲑鱼、白芝麻，然后把鲑鱼和芝麻一起磨碎，制成鲑鱼馅。
3. 在保鲜膜上把米饭铺好，把2中做好的鲑鱼摊上，然后卷成卷，切成段即可。

在米饭上面摊上鲑鱼。　把保鲜膜和米饭一起提起来。　把米饭卷成紧凑的筒状。

2岁食谱 铝箔纸烤鲑鱼

这是烤的吗？打开碗之后会带来惊喜的一餐。
宝宝帮妈妈做的鱼和蔬菜都是最讨人喜欢的！

材料（1人份）

生鲑鱼…… 1/3条
樱桃西红柿…… 2个
丛生口蘑…… 4根
西兰花…… 1簇
食用盐…… 少许

宝宝帮手要点！

让宝宝帮忙把丛生口蘑分开，
宝宝非常喜欢做这样的事情。

制作方法

1. 鲑鱼去皮去骨，撒盐腌制。
2. 樱桃西红柿切成十字花型，然后用水焯一下。丛生口蘑切成2cm左右。
3. 铺上锡箔纸，刷上色拉油（材料表之外），把1和2的材料包起来放进烤箱中烤大约7分钟。
4. 西兰花用水焯软，等其他材料烤好之后，撒在上面即可。

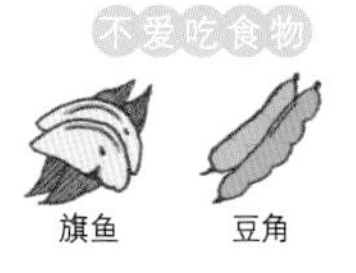

2岁食谱 黄油煎旗鱼

将黄油和酱油搭配在一起时，鱼腥味基本可以完全消除。
这是可以适用于很多种鱼类的烹调方法。

材料（1人份）

旗鱼…………………………………… 1/3条
豆角…………………………………… 1/2根
黄油…………………… 2个1cm见方的小块
酱油…………………………………… 少量

制作方法

1. 旗鱼切成两段并切花。
2. 豆角用水焯一下，然后切成3cm长的薄斜片。
3. 把黄油放在平底锅中溶化，然后把1中处理好的旗鱼两面煎一下。最后放上酱油调味出锅，放在盘子里，把2中的豆角撒在上面。

不爱吃食物

2岁食谱 金枪鱼玉米蛋黄春卷

在宝宝喜欢的金枪鱼罐头里面加入玉米粒，做出来的春卷会更吸引人。
生春卷皮容易保存，每次用一点，非常便利。

材料（1人份）

土豆…………………………………… 1/4个
豆荚…………………………………… 2个
金枪鱼罐头（沥干水分）………… 1大匙
生春卷皮……………………………… 1/2块
A 玉米粒…………………………… 1大匙
A 蛋黄酱…………………………… 适量
色拉油………………………………… 适量

制作方法

1. 土豆去皮，用水焯一下，并压成泥状。豆荚摘丝之后，用水焯一下，切成5mm左右。
2. 把金枪鱼、材料A放进碗里混合均匀。
3. 切1/2张生春卷皮，用流水冲一下。把2中处理好的食材的一半放进春卷皮中包起来，剩下的一半用另一片春卷皮包起来。
4. 小锅加热色拉油，把3中包好的春卷放进去炸一下。

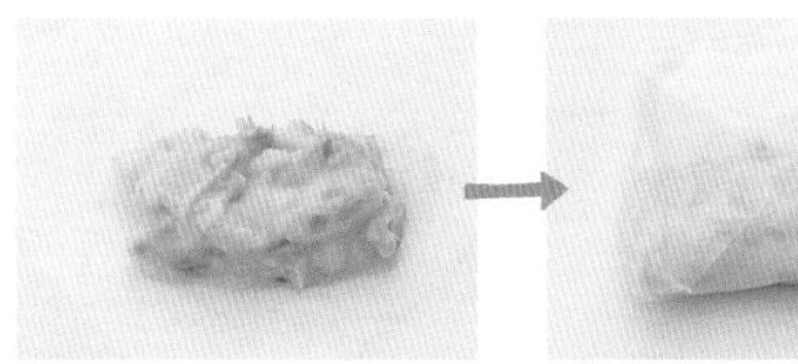
春卷皮摊开。把金枪鱼馅放在上面。

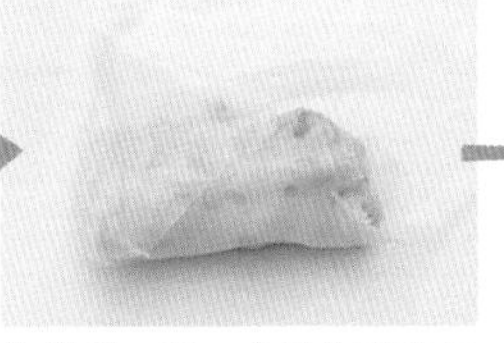
往前折一下，之后分别将左右两端向里折一下。

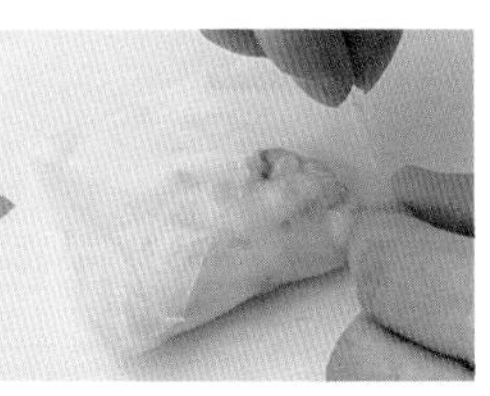
整理出美观的形状，这样春卷就卷好了。

2岁食谱 沙丁鱼丸子

沙丁鱼富含钙质，磨成碎末做成丸子非常有营养。
圆圆的软沙丁鱼丸子是妈妈的味道。

材料（1人份）

沙丁鱼（3片切开的鱼片）………… 30g
干裙带菜……………………………0.5g
萝卜………………………………… 10g
金针菇……………………………… 5g
A 洋葱（碎末）………………… 2小匙
A 土豆淀粉 ……………………… 2小匙
A 鸡蛋液 ………………………… 10g
汤汁………………………………… 100ml
酱油………………………………… 1/2小匙

制作方法

1 沙丁鱼去皮去骨，切成细末。把干裙带菜放到水中浸泡，然后切成细末。

2 把1中处理好的沙丁鱼和材料A充分混合，然后做成一口大的丸子。

3 萝卜切成片状，金针菇切成1cm长的段。

4 用汤汁把2和3中处理好的食材煮一下并用酱油调味。

柔软的裙带菜比想象中要难嚼，所以一定要切成细末，方便宝宝食用。

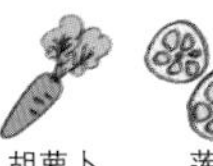

扇贝　胡萝卜　莲藕　洋葱　土豆

2岁食谱 扇贝咖喱莲藕饭

适合孩子的淡味咖喱海鲜饭。
加入适量莲藕，可锻炼宝宝的咀嚼力。

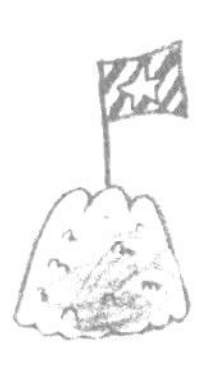

材料（1人份）

扇贝丁……………………………… 2个
胡萝卜……………………………… 15g
莲藕……………………………… 15g
洋葱……………………………… 10g
土豆……………………………… 20g
色拉油………………………… 1/3小匙
水……………………………… 100ml
咖喱（儿童用）…………………… 15g
米饭……………………………… 80g

制作方法

1 把扇贝丁切成四块。

2 胡萝卜切成5mm的薄片，再用花形模具压制。莲藕切成5mm的薄片，然后呈放射状均分成6~8等分。洋葱和土豆切成1cm厚的方块。

3 色拉油加热，放入1和2中处理好的食材翻炒，然后加水煮至柔软，再加入咖喱煮至完全融入到汤汁中。

4 把米饭盛在盘子里，然后把3中做好的酱汤浇在上面即可。

宝宝不喜欢吃饭、讨厌吃饭的缘由是什么呢?

牛奶・乳制品/牛奶・酸奶・奶酪等

大豆・豆制品/大豆、纳豆、豆腐、油炸制品等

干货/羊栖菜、萝卜干、干蘑菇、冻豆腐等

不喜欢腥味（牛奶、纳豆）

不喜欢干干的口感（大豆、豆制品）

这些食材中均含有丰富的蛋白质和钙质，一定要让宝宝喜欢上这些食品。

牛奶、纳豆等有一股怪味，宝宝可能不喜欢。大豆干干的感觉宝宝会不适应。这些都可能是宝宝不喜欢吃的原因。尽量让宝宝喜欢上这些食物，让宝宝不喜欢的食物越来越少才是正道，让宝宝尽量多地接触各种食材，增加宝宝的经验。

羊栖菜、萝卜干富含维生素、矿物质等，尽量让宝宝喜欢上这些食物。

1岁食谱 奶酪干鲣鱼饭团

奶酪和干鲣鱼搭配在一起钙质充足!
为了吃起来容易一些，海苔的搭配技巧也很讲究。

材料（1人份）

奶酪		15g
A	干鲣鱼	少许
	酱油	少许
米饭（软）		80g
烤海苔		少许

制作方法

1 将奶酪切成5mm的方块。

2 把材料A放到碗里混合，加入1中处理好的奶酪和米饭充分混合。

3 把2中处理好的食材捏成自己喜欢的形状，把烤海苔切成小块贴在饭团上。

如果贴上去的海苔太大，宝宝不容易嚼碎，一定要切成小片贴上去。

1岁食谱 白薯牛奶汤

白薯的甘甜与软糯和牛奶搭配在一起，让人食欲大振。

材料（1人份）

白薯……30g
洋葱……10g
清炖肉汤……100ml
牛奶……50ml
食用盐……少量

制作方法

1. 白薯去皮，切成1cm的方块，洋葱也切成1cm的方块。
2. 把1处理好的食材放进小锅，加入清炖肉汤，把食材煮软。
3. 加入牛奶，等热了之后加入食用盐调味，出锅。

1岁食谱 烤豆腐

用微波炉即可制作的简单菜品。
可以加入海苔提味。

材料（1人份）

樱桃西红柿……1个
北豆腐……40g
酱油……少许
海苔……少许

制作方法

1 樱桃西红柿去蒂之后，切十字花。

2 豆腐放在耐热容器中，把1中处理好的樱桃西红柿放在上面，然后用微波炉加热1分钟。

3 西红柿去皮切碎末，放在豆腐上面，浇上酱油之后，再撒上海苔。

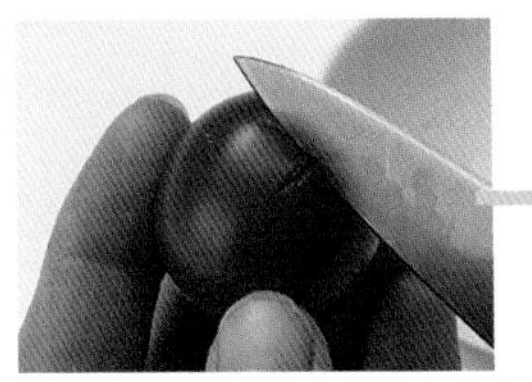

在西红柿上面切上十字花，去皮会容易一点。

1岁食谱 羊栖菜小沙丁鱼干

富含钙质的优质小菜。
用柔软的羊栖菜芽，做成用手拿着吃合适的大小。

材料（1人份）

材料	用量
羊栖菜芽（干）	1g
小葱	3cm
小沙丁鱼干	2小匙
A 小麦粉	20g
A 鸡蛋液	1/3个
色拉油	1小匙

制作方法

1. 用水泡发羊栖菜干芽，小葱切小段。
2. 把材料A放进碗里混合均匀，把1中处理好的材料和小沙丁鱼干加进去混合搅拌。
3. 色拉油倒进平底锅中加热，把2中处理好的食材摊在锅里，煎至两面金黄即可。
4. 切成合适的大小装盘食用。

建议让宝宝食用的干货

萝卜干、干制鲣鱼、冻豆腐等干货是营养浓缩的精华食品。用水泡发之后体积增大，宝宝看到这一过程后会对做出来的菜品充满期待。

1岁食谱 纳豆萝卜泥汤

搭配萝卜泥的清淡纳豆汤。
适量的萝卜泥宝宝吃起来很顺口，而且原料便宜，是非常经济实惠的一道菜品。

材料（1人份）

萝卜…… 30g
豆苗…… 少许
纳豆…… 20g
汤汁…… 100ml
酱汤…… 1/2小匙

制作方法

1 把萝卜磨成泥，豆苗切成3cm的段。

2 汤汁倒进小锅中煮沸，然后加入酱汤，把1中处理好的食材和纳豆一起放进汤中煮沸，出锅即可。

2岁食谱 土豆奶酪烘饼

用奶酪做面糊，把土豆丝黏在一起，然后煎制。
浓香的土豆饼会勾起宝宝的食欲。

材料（1人份）

土豆……………………中等大小的1/3个
奶酪粉……………………………2小匙
荷兰芹（碎末）……………………少许
黄油…………………2块1cm见方的小块

制作方法

1 用擦丝器把土豆擦成细丝。
2 把处理好的土豆丝和奶酪粉以及荷兰芹细末混合均匀。
3 把黄油放在平底锅中加热，然后把2处理好的食材摊在锅里，煎至两面金黄。

2岁食谱 炸豆腐盖饭

非常简单的一道可以让宝宝吃饱的盖饭。
用鸡蛋把食材粘连在一起，吃起来比较方便，牛蒡可以让宝宝练习咀嚼。

材料（1人份）

炸豆腐……30g
牛蒡……3cm
大葱……3cm
鸡蛋……1/3个
豆角（水焯）……1个
A 汤汁……150ml
砂糖……1/2小匙
酱油……1/2小匙
米饭……80g

制作方法

1 炸豆腐切成1.5cm的方块，牛蒡切成竹叶型薄片，大葱切成小段。

2 材料A混合后放进小锅中加热，把1中处理好的食材放进锅中直到牛蒡变软。

3 把鸡蛋液打碎放进2中做好的食材中，煮熟之后，起锅扣在米饭上，撒上豆角。

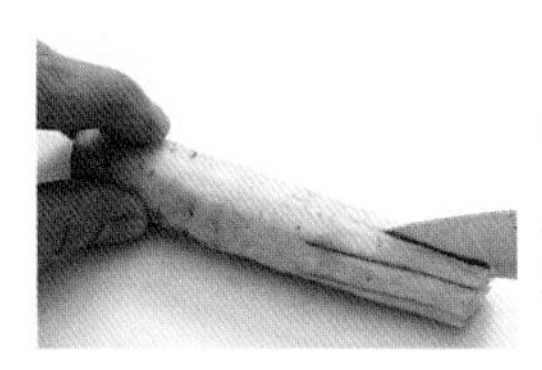

牛蒡纵向切成薄片，一边翻一边用刀切，这样比较简单。

2岁食谱 秋葵芜菁豆浆

散发着芜菁自然的甘甜豆浆。
秋葵的形状非常可爱，宝宝很有兴趣。

材料（1人份）

材料	用量
秋葵	1/3个
芜菁	1/2个
清炖肉汤	100ml
豆浆	50ml
食用盐	少许

制作方法

1. 秋葵用盐揉搓一下入味，切成小段，芜菁去皮切成2cm的方块。
2. 清炖肉汤倒入小锅里煮沸，放入芜菁煮软之后，把豆浆和秋葵一起放进去，用盐调味之后，倒进容器里即可。

不爱吃食物

纳豆 大葱 青椒 鸡蛋

2岁食谱 纳豆三色炒饭

纳豆加热后可以降低黏性，这样吃起来会方便一些。
大人们也可以吃的香气扑鼻的炒饭。

材料（1人份）

材料	用量
大葱	5g
青椒	5g
纳豆	20g
鸡蛋	1/3个
米饭	80g
色拉油	1/3小匙
A 食用盐	少许
A 酱油	少许

制作方法

1. 大葱和青椒切成细末。
2. 色拉油倒入平底锅中加热，把大葱、纳豆、青椒依次放进锅中翻炒，炒熟后，加入鸡蛋液再炒一会儿。
3. 在2中加入米饭再翻炒一下，加入材料A调味之后，出锅装盘即可。

2岁食谱 萝卜干蛋包饭

煮了的萝卜干如果有剩余，可以用来做蛋包饭。
食材的味道全部融进米饭里面，鸡蛋里面不需加调味料。

材料（1人份）

煮萝卜干……………………………… 10g
大葱……………………………… 5g
鸡蛋……………………………… 1/2个
海苔……………………………… 少许
色拉油……………………………… 适量

也可以用市面上卖的萝卜干。用刀切成适合吃的大小即可。

制作方法

1. 把煮好的萝卜干切成2cm长的段。大葱切细末。
2. 鸡蛋液和海苔混合。
3. 在平底锅中把色拉油烧热，把1中切好的大葱翻炒一下，变透明后把煮好的萝卜干加进去，然后倒入2中的鸡蛋液。
4. 加热3中的食材，待定型之后煎一会儿，出锅装盘即可。

太田老师的秘诀传授！

怎样才能让宝宝喜欢吃的东西越来越多呢？
让宝宝快乐用餐，健康成长的秘诀是什么？

是不是对宝宝吃饭太过用心了呢？

有时候也可以放手让宝宝自己吃饭。只对宝宝说“这很好吃哟”，然后和宝宝一起吃饭即可。

与其让宝宝不挑食，不如让宝宝喜欢吃的东西多起来

买这本书来看的妈妈们想必一定是想要培养一个不挑食不偏食的健康宝宝。1岁到2岁左右的宝宝正处在身心发育较快的阶段，一定要保持饭菜的营养均衡。妈妈们一定希望宝宝把饭菜吃得精光吧。

这是一个非常好的想法，但如果妈妈非要坚持“不能挑食”这一想法的话，妈妈和宝宝会陷入胶着的拉锯战里。

此时可以换一个思路想问题。把“宝宝不能有吃不下去的食物”改变为“尽量多找一种宝宝喜欢吃的食物”。

1岁到2岁左右的宝宝一天需要的饭菜量参考值

谷物类（米饭、面包、面条等）	200~300g
薯类	50g
牛奶・乳制品	400g
蛋类	30~40g
鱼・肉・大豆・豆制品	90~115g
蔬菜类	200g
海藻类	2~5g
水果类	100~200g
油脂类	10g

比如说：据统计，宝宝最不喜欢吃的蔬菜中排名第一的是青椒。很多大人也不喜欢吃青椒，他们想只要能吃菠菜就可以，之所以会这么想是因为从营养的角度考虑，这两种蔬菜基本类似。但是这种想法可行吗？

虽然这两种蔬菜从营养的角度考虑是相似的。但是青椒和菠菜的口感、香味及颜色都不相同。而且青椒中也含有独特的营养元素。

所以，如果宝宝能吃青椒会更好。这样可以体会到各种蔬菜的不同。体会这件事与单纯的营养相比有更大的意义。每一种食材中都有不可替代的营养与个性，各有各的优点，和人是一样的道理，每一个人都有自己的个性和优点，在每餐中让宝宝建立起接受不同人的思想基础是非常重要的。

让宝宝喜欢吃的食物多样化起来吧。

1岁宝宝讨厌的食物	
1 蔬菜…………	56.4%
2 肉类…………	34.1%
3 牛奶・乳制品	17.9%
4 鱼类…………	11.2%
5 其他…………	15.1%

2岁宝宝讨厌的食物	
1 蔬菜…………	75.4%
2 肉类…………	24.6%
3 牛奶・乳制品	18.0%
4 鱼类……………	7.8%
5 其他…………	10.2%

为什么会有不喜欢吃的食物

宝宝最不喜欢的食物是蔬菜。这是因为宝宝在咀嚼的过程中会尝出蔬菜里面的苦味。因为宝宝和大人的味觉有些许不同。可以用芝麻或者白汁沙司等调味再让宝宝吃吃看。这样宝宝原本讨厌的食物可能也会吃下去。

让宝宝越来越“喜欢吃”的语言魔法

如果妈妈每天吃饭的时候都跟宝宝说“真好吃”，并津津有味地吃饭，宝宝也会学着妈妈的样子吃饭。

“真好吃”、“很喜欢”这是基本语言暗示

为了增加宝宝喜欢吃的食物，语言暗示是关键。

宝宝虽然还不懂妈妈说的意思，但是宝宝能敏感地体会到妈妈的心情。所以为了让宝宝愉快地进餐，妈妈自己一定要调整好，用平静悠闲的语气和宝宝说话。

比如妈妈一般会说“宝宝，为什么不吃卷心菜呢？不喜欢吗？不好吃吗？”一边问宝宝一边让宝宝吃，可以换一种方式，“宝宝，卷心菜很好吃哟，妈妈最喜欢吃卷心菜啦！你也尝一下吧。”这样和宝宝说话，即使当时宝宝不吃，但是妈妈和宝宝之间的气氛还是很和谐的。NG语言是“不好吃”、“不喜欢”。

希望宝宝每天都开心地吃饭

当宝宝边吃边玩或者吃饭很慢的时候,尽量减少“不能这样”等训斥宝宝的话，一定要尽可能地表扬宝宝，改变一下策略试试看！当宝宝吃下去的时候“你都吃了呀，真好，太棒了！”，当宝宝想要用汤匙的时候“宝宝做得真棒！”每天能做到这样的话，宝宝吃饭的时候会更开心，每天吃的饭会多一些，在宝宝的印象中饭桌会成为一个快乐的地方。“喜欢吧。”“真棒！”“非常好吃！”尽可能在饭桌上多和宝宝说这样的话。

宝宝2岁之后，随着宝宝的不断成长，宝宝会喜欢模仿大人的行为。当宝宝看着大人大口大口地吃着饭菜并说“好吃”的时候，宝宝自己也会想要尝试一下。

当然也没有必要坚持“坚决不能对宝宝说不可以”。毕竟都是一家人，在一起的时候自然流露自己的心情是非常正常的。但是，一般人们用语言表达感情的时候可能会有夸大的嫌疑。当感到养育宝宝很累的时候，试着向自己发一下牢骚，放松一下吧！

当宝宝吃饭的规则和爸爸冲突！

3岁之前不能给宝宝吃甜食，但是爸爸给宝宝吃了冰淇淋！很多妈妈会因为这个而生气。但是，宝宝吃了特别的东西，“很好吃！”宝宝会和爸爸有一份特别的记忆。如果平时不经常发生这样的事，偶尔一次可以包容一下，妈妈不用很计较。

亲子一家乐的同时带宝宝见识更宽广的饮食领域

给宝宝看图画书，让宝宝去蔬菜生产地，体验栽培蔬菜的乐趣。让宝宝对蔬菜感兴趣的方法和机会有很多，一定要好好利用。

在餐桌上聊更多关于食材的话题！

在家庭餐桌上多讲一些食材有关的话题比较好。这样宝宝的注意力会集中在吃饭上，而且会对食材感兴趣，宝宝会有想要吃这些食材的意愿。

有些宝宝上小学之后，还是分不清莴苣和卷心菜。仔细了解是因为妈妈虽然很热心地给宝宝做饭吃，但是在宝宝吃饭的时候不会和宝宝说这是什么食材，导致宝宝不认识蔬菜。

1岁到2岁的宝宝虽然不懂妈妈说的什么意思，但是可以在餐桌上多和宝宝说“这种蔬菜的花花很好吃，马上就是春天了……”经常这样和宝宝聊一下，宝宝会对食材和季节有点概念，自然就可以记住了。

“我自己就偏食”，有这样烦恼的妈妈看这里！

宝宝一般不会在意父母的喜恶，所以妈妈可以不用太过担心。但是，一定要帮宝宝尝一下味道，确认一下食物的硬度。不要跟宝宝说“虽然妈妈不喜欢吃，但是这些对身体好，宝宝一定要吃。”

可以给宝宝多看一些关于食材的图画书。多给宝宝讲故事，和宝宝做运动，“什么动物喜欢吃胡萝卜呢？”多和宝宝讲一些这样的故事，宝宝会出人意料地吃很多……

此外，随着宝宝的成长，可以带宝宝去蔬菜种植地参观，也可以带着宝宝去体验收获食材的乐趣，还可以去蔬菜店和卖菜的阿姨说说话，这样宝宝会对蔬菜原先的形状有印象，也会逐渐知道蔬菜是从哪里来的。小孩子一般会认为蔬菜是从厨房或者超市来的，如果带宝宝体验其他的地方，宝宝对食物的兴趣会越来越浓，会更加喜欢吃蔬菜。

对于不喜欢吃蔬菜的宝宝来说，还可以在自己家里种一些蔬菜，这样可以改善宝宝的偏食情况。最好有自己的家庭式菜园，不过在阳台或者餐桌上用土栽培一点也可以，最好选择可以在一周之内可收获的蔬菜。

和宝宝一起体验播种的快乐，可以拓宽宝宝的食材世界！

宝宝非常喜欢和食物有关的图画书

为了让宝宝不挑食而应该做到的注意事项

宝宝在1岁之后和2岁之后需要吃的东西并没有明确规定，随着宝宝的成长准备合适的食物即可。

1岁到2岁食谱需要考虑的关键点是宝宝的长牙情况

宝宝并不是家长的缩小版。在第一章中也曾经解释过，1岁到2岁宝宝吃饭的技能和成年人有很大区别。特别是“还没长臼齿”，“臼齿长出来还不能完全咀嚼食物”，这样就容易引起宝宝偏食。一定要时刻关注宝宝长牙的情况。下面的图示显示了不同年龄段宝宝的长牙情况，这只是一个参考标准。1岁到2岁宝宝的生长差异很大，注意观察自己家宝宝的长牙情况是最重要的。这一时期还不能给宝宝吃的食物一定要慎重选择，参照下一页，精心为宝宝准备食物吧。

1岁到1岁半

上下八个门牙，可以咬断食物。臼齿开始从牙龈处往外冒，可以把用门牙咬下来的食物磨碎。

1岁半到2岁

开始长出臼齿和犬齿。2岁以后臼齿基本长齐，这时就可以把食物嚼碎。

1岁到2岁左右的时候需要避免接触的食物

香辛料・辣的东西

芥末、山葵、辣椒、辣白菜等刺激性较强的食物不要给宝宝吃。

脂肪

脂肪会给消化器官带来负担，尽量给宝宝吃红肉。

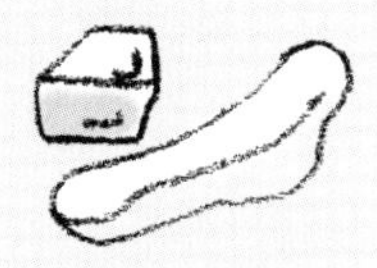

生食
（生鱼片・贝类・生鸡蛋）

消化器官还没有完全发育成熟，所以原则上在3岁以前不要给宝宝吃生食。

大豆、花生

不去皮，直接吃可能会导致误吞。不要给1岁到2岁左右的宝宝吃这些食物。

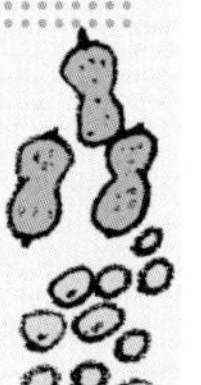

魔芋

弹力非常大，不容易嚼碎，不容易和唾液混合，容易造成误吞。

带香味的蔬菜
（荷兰芹、西芹）

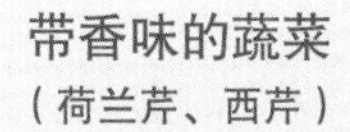

可以给宝宝吃这些食物，但是有很多宝宝不喜欢这种味道，所以不要勉强宝宝。

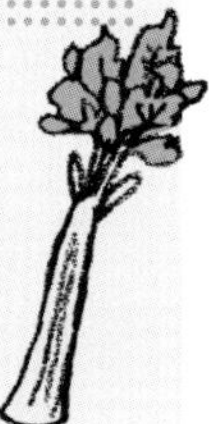

冷冻食品

可以灵活运用蔬菜等食材做各种食品。加工食品含有很多的添加剂，一定要控制好用量。

咸鳟鱼子・咸鲑鱼子・咸鳕鱼子

盐分和胆固醇含量都很高，一定要少给宝宝吃。最好不要给宝宝吃咸鲑鱼子。

干货・熬制食品

盐分较多，2岁之前一定要少吃。如果做饭的时候必须要用的话，一定要选择盐分较少的食材。

咖啡・可乐

一定不要给宝宝喝含有咖啡因的刺激性较强的饮料。如果要给宝宝补充水分，还是要以水和大麦茶为主。

快餐

1岁到2岁的宝宝味觉还没有完全发育好，所以要尽量避免快餐类食品。3岁之后也要尽量少吃。

软罐头食品・大碗面

看一下原材料一栏，尽量选择添加剂较少的食品。

※像生鱼片这样的生食，宝宝2岁之后，可以尝试一点非常新鲜的食材。

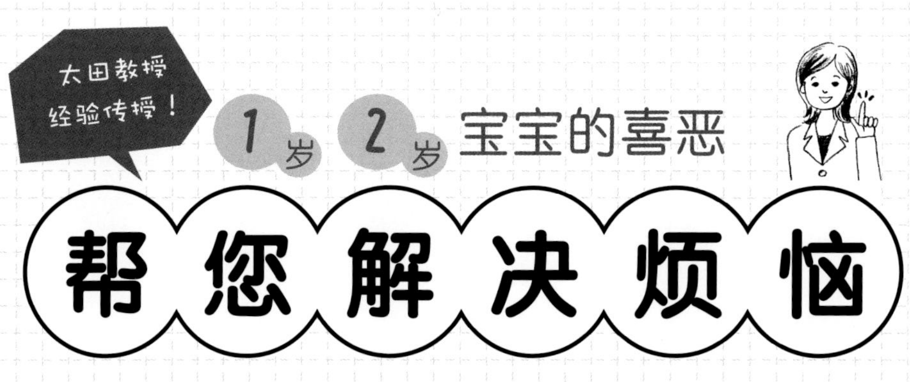

不喜欢吃饭，没有礼貌，把饭囫囵吞下去………
家里有这样的宝宝，妈妈会非常苦恼，太田教授为你们排忧解难。

“自己来！”
宝宝特别喜欢自己用勺子吃饭，
不让妈妈帮忙

A 在这一年龄段，宝宝做任何事情都想自己独立完成，但是现在宝宝还不会熟练地使用餐具，集中力也不持久，想要跟妈妈炫耀自己的技能。妈妈先暂且让宝宝自己用餐具吃饭。当宝宝能自己稍微吃进去一点饭的时候，可以夸赞宝宝“真厉害！”，然后一边跟宝宝说“宝宝自己吃饭太辛苦了，妈妈帮你吧”，一边用其他的勺子喂宝宝。做饭的时候，把食物切成便于宝宝用刀叉吃的大小，这样宝宝吃起来会轻松一些。此外，使用的餐具和餐盘也要选择方便使用的，对宝宝要有耐心，慢慢地等宝宝熟练地使用餐具吧。

吃辅食的时候
宝宝很喜欢吃南瓜，
但是现在不吃了。

A 在吃辅食的时候宝宝爱吃的食物，等长大一些之后，宝宝却不爱吃了，很多宝宝都有这样的情况。简单地说，吃腻了就不爱吃了是很自然的事情。现阶段宝宝开始对南瓜以外的东西感兴趣，可以暂时不给宝宝吃南瓜，不用太放在心上。宝宝的喜好在随时变化，所以不要勉强宝宝吃任何食物，可能哪一天又突然发现宝宝喜欢吃南瓜了。

对手工制品、口味清淡的食物非常用心，但是宝宝却对零售点心感兴趣。

吃一两次之后宝宝的味觉并不能记住这些味道。所以不必太在意。不仅仅是婴幼儿，所有人的味觉一生之中都在不断变化，还是继续保持之前的态度，继续给宝宝准备口味清淡的饭菜即可。此外，零售点心或者甜食不要只在宝宝想要吃的时候才给宝宝，对宝宝来说，特殊感是非常重要的，一定要把握好度。

用手抓着吃，一个劲往嘴里塞，应该怎么办呢？

现阶段，宝宝正在试探自己可以一口吃下去的量。棒状的食物、饭团、薄苹果片、蒸的食物、玉米等用门牙可以吃的东西在不断增加。此外，大人用门牙吃食物时发出的“咯吱咯吱”、“咯嘣咯嘣”的声音可以给宝宝听，妈妈大口大口吃饭的样子可以让宝宝看一下，这样宝宝吃起饭来会更有趣。

宝宝不吃像柑橘那样的酸酸的水果。

宝宝天生喜欢甜味和香味，其他味道可以通过不断的尝试让宝宝习惯。不喜欢酸味、苦味等是宝宝自身的本能反应，保护自己不受腐败、毒物等的伤害，所以这不是宝宝的问题。当宝宝的味觉丰富起来之后，就会慢慢习惯酸味。柑橘可以和多味果汁、酸奶等混合在一起，或者做成果冻等一点点喂给宝宝，让宝宝慢慢习惯。妈妈可以在酸奶里面加入水果，这样宝宝就可以吃下去了。

和其他小朋友比起来，
宝宝的饭量很小，
这样没问题吗？

A 可以按照宝宝的成长情况为宝宝画一条生长曲线，如果宝宝没有生病但是体重减轻了，就必须让宝宝通过吃饭获取足够的营养。如果体重一直在增加，即使饭量有所减少，摄取的营养也是充足的，不必太在意。如果宝宝饭量很小，却给他盛很多饭，会起到反作用。考虑到宝宝个体的差异，不要太在意饭量的问题。

当给宝宝生了一个弟弟
（妹妹）之后，感觉宝宝（2岁）不
喜欢吃蔬菜了。

A 幼儿时期宝宝最不喜欢吃的食物就是蔬菜，所以宝宝不喜欢吃蔬菜应该是年龄的问题，和其他无关。可以在饭菜口味和烹调方法上多下工夫。此外，宝宝可能想多得到妈妈的注意和关心，会把蔬菜吐出来，扔掉等。针对这种情况，可以给宝宝一些回应，抱起宝宝喂给宝宝吃，可能会好一些。

吃饭吃到一半的时候从凳子上站起来，
不吃了，情绪开始不稳定。

A 边吃边玩是这一时期的主要特征。再加上这一时期宝宝的注意力不能长时间集中，所以在吃饭过程中会想要站起来，到处走动等。首先要让宝宝对吃饭感兴趣，让宝宝的注意力集中起来。此外，不要开着电视或者把玩具放在宝宝饭桌旁边。一定要确认宝宝椅子和桌子的高度，调到适合宝宝的位置。

跟宝宝说
“一定要慢慢嚼一嚼”
但是宝宝还是会直接咽下去。

首先要在烹饪方式上多花心思。如果经常给宝宝做煨炖菜、豆腐食品等比较软的饭菜的话，可以增加一些需要多一些咀嚼的食物。番薯、蔬菜等可以煮软的食物切成大块即可。此外，不要给宝宝做鸡蛋鸡肉面、咖喱面等单一的食物，可以给宝宝加入汤菜、主菜、配菜等各种菜品，让宝宝接触各种不同食物的口感。在吃饭的时候不要把凉大麦茶一直放在餐桌上，这样宝宝就会依赖大麦茶，饭菜不咀嚼直接吞下去。可以用汤菜来给宝宝补充水分。

不能一边看电视
一边喂宝宝吃饭吗？

原则上是不能看电视的。一边看电视一边吃饭，这样“一心二用”的吃饭方式宝宝还没有完全掌握，吃饭的时候容易注意力不集中。吃饭并不仅仅是把饭吃进去增加营养这么简单。而是要通过吃饭让宝宝观察爸爸妈妈的吃饭方式，和爸爸妈妈交流，在这一过程中会学到很多东西。2岁之后宝宝可以做到一边和妈妈说话一边吃饭，让宝宝和大家一起围坐在餐桌前边聊边吃，这对宝宝来说是非常重要的。

“宝宝只吃一种食物”
宝宝只吃鲑鱼饭

虽然宝宝这一阶段每天只喜欢吃同一种食物，但是过一段时间之后喜欢的东西就会有所改变。鲑鱼饭中盐分含量很高，如果宝宝喜欢这样口味重的食物的话，就会不喜欢吃清淡的食物，所以要尽快用其他食物引开宝宝对鲑鱼饭的注意力。最开始给宝宝停掉鲑鱼饭的时候，宝宝可能会苦恼，但是当宝宝饿了之后就会去吃别的饭。如果宝宝一直不吃别的饭菜，就需要去专门机构进行咨询。

担心宝宝会误吞食物。
需要怎样注意一下呢？

A 这一时期是宝宝自己学习咀嚼的高峰期，所以吃饭的时候不要让宝宝自己一个人，一定要在旁边看着宝宝吃。有误吞危险的食物有：豆类、花生、年糕、魔芋冻、樱桃西红柿。3岁之前不要给宝宝吃这些食物，如果吃的话一定要切成小块。边走边喝饮品容易呛到，一定要避免。

自己一个人可以吃饭，
但是会突然撒娇让妈妈喂。

A 对妈妈撒娇，让妈妈喂饭这些行为又被称为“再次接近期行为”。这一时期宝宝一定会要求妈妈喂饭。这是在确认对妈妈的信任和妈妈对自己的感情，就让宝宝尽情撒娇吧。一定要给宝宝回应，不要放任不管，宠着宝宝，慢慢地宝宝就会独立，自己一个人可以吃饭。

要去幼儿园了，
是不是不允许宝宝偏食呢？

A 宝宝如果看到没有见过的食物，因为陌生会产生恐惧感。这是“新奇恐惧症”。如果周围的人在旁边说“很好吃哟”诱导宝宝，宝宝就会慢慢放轻松，安心地吃起来。在幼儿园也不会强求宝宝吃什么，会尽可能创造欢乐的气氛，让宝宝尽可能吃饭，不必担心。

爸爸有很多不喜欢吃的东西，这样会给宝宝树立不好的榜样，感觉不好！

首先要确立一个原则，在宝宝面前不要说“不喜欢”这个词。因为宝宝会跟家长学。大多数家长都有自己不喜欢吃的食物，但是稍加注意就可以不让宝宝察觉。不要严格要求宝宝、不管喜不喜欢都要吃下去，只要给宝宝做各种丰富的饭菜，让宝宝健康成长，让宝宝的一日三餐多样化一些，一家人就可以有一个融洽的用餐氛围。

请教一下婴幼儿选择汤匙的方法。

当宝宝用手抓着吃已经非常熟练之后，慢慢地就会用汤匙吃液体或者勾芡类的食物。开始用的时候，因为宝宝的胳膊和手腕还不能完全协调，可以选用柄短一些质量轻一点的汤匙，饭碗也不要太大。宝宝手腕活动还不是很灵活，可以用能放平整的碗，这样宝宝练习起来会方便一些。

不给宝宝吃蔬菜，给宝宝喝蔬菜汁好吗？

如果光喝蔬菜汁，宝宝就不能进行咀嚼练习，也不能体会到蔬菜原先的味道，所以不建议宝宝吃。宝宝的饭菜不仅仅要营养全面，还要考虑到咀嚼练习、消化、味觉等各个方面。一定要让宝宝体会到各种不同蔬菜的口感，丰富他对蔬菜的经验。特别是，宝宝一般不喜欢吃生蔬菜，可以做熟、调味之后再给宝宝吃。